中华蜜蜂
饲养管理实用技术

ZHONGHUA MIFENG SIYANG GUANLI SHIYONG JISHU

岳万福　华　威　主编

U0256359

中国农业出版社

编写委员会

《中华蜜蜂饲养管理实用技术》

主　　编：岳万福　华　威

副 主 编：刘小昌　邹文华

编写人员（按姓名笔画排序）：

　　　　　叶军林　华　威　刘小昌

　　　　　邱永华　岳万福　邹文华

　　　　　罗春华　黄文斌　谢炳福

前　言
FOREWORD

　　中华蜜蜂简称"中蜂"，也叫"土蜂"，是我国独有的当家蜂种。如同中华文明一样，中华蜜蜂在我国已有数千年的历史，是一个活着的历史文化遗产。我国许多地区饲养中华蜜蜂历史悠久，养蜂是传统的养殖项目之一，村民依托良好的自然生态资源，利用摆放在房前屋后的木桶和蜂箱养野蜂、采蜂蜜。中华蜜蜂从东南沿海到青藏高原的30个省（自治区、直辖市）均有分布。

　　中华蜜蜂不仅是中国传统农业种植作物及森林植物群落的主要传粉昆虫，而且还起着重要的平衡生态的作用，中华蜜蜂耐低温、出勤早、善于搜集零星蜜源，对保护生态环境意义重大。养蜂业不占耕地，不用粮食，投资少，见效快，收益大，是传统的高效产业。利用中蜂为农作物、果树、牧草、蔬菜、中药材授粉，在提高农作物产量、质量和授粉效率等方面具有重大意义。目前国内繁殖的蜜蜂品种主要是从意大利等国引进的"洋蜂"，对中华蜜蜂有很强的攻击力，已成为我国生物入侵的典型范例。因意蜂嗅觉和吻与我国很多树种不相配，不能给这些植物授粉，将导致这些植物种类的减少甚至灭绝。中华蜜蜂与我国独特的植被体系匹配，特别有利

　　　　　　　　　　　　　　　　　　　　　　　　·　1　·

于山区的植物繁衍生长。

　　我们本着"科学、实用、易学"的指导思想，在参考、总结蜂农养蜂经验的基础上，吸收了当前养蜂研究的最新科研成果，以浙江、云南中华蜜蜂散养技术为基础，提倡"中蜂土养"，并结合蜂农养蜂操作中的体会，编写《中华蜜蜂饲养管理实用技术》，方便广大蜜蜂养殖户、养蜂科技工作者学习使用。本书在编写过程中借鉴了意蜂养殖的技术与经验，但引用难免有不规范、不完善之处，恳请指正，便于对外公开时恪守规范。

　　本书在编写过程中得到浙江省遂昌县畜牧兽医局、文成县畜牧兽医局、浙江大学胡福良教授、安徽省农林大学刘芳副教授、浙江省丽水市畜牧兽医局林宇清局长的鼎力支持，在此深表谢意。

2016 年 10 月于杭州

目 录
CONTENTS

前言

第一章　中华蜜蜂资源概况 ················· 1

　第一节　中华蜜蜂的历史 ················· 1

　第二节　中华蜜蜂的现状 ················· 1

　第三节　中华蜜蜂的价值 ················· 3

第二章　中华蜜蜂饲养基础 ················· 4

　第一节　中华蜜蜂的形态特征 ············· 4

　第二节　中华蜜蜂的生活习性 ············· 7

　第三节　中华蜜蜂传统饲养 ··············· 9

　第四节　中华蜜蜂利用的蜜粉源植物 ······· 13

　第五节　南方春季常见蜜粉源植物 ········· 14

　第六节　南方夏季常见蜜粉源植物 ········· 17

　第七节　南方秋季常见蜜粉源植物 ········· 20

　第八节　南方冬季常见蜜粉源植物 ········· 22

　第九节　中华蜜蜂的饲养用具 ············· 23

第三章　中华蜜蜂日常管理技术 ············· 29

　第一节　中华蜜蜂的获得 ················· 29

　第二节　蜂箱的放置 ····················· 35

　第三节　中华蜜蜂的检查 ················· 37

第四节　中华蜜蜂蜂脾修造 …………………………… 41

第五节　中华蜜蜂的饲喂 ……………………………… 42

第六节　中华蜜蜂的防盗 ……………………………… 43

第七节　其他管理技术 ………………………………… 45

第四章　中华蜜蜂四季饲养管理 ………………… 52

第一节　中华蜜蜂春季饲养管理 ……………………… 52

第二节　中华蜜蜂夏季饲养管理 ……………………… 67

第三节　中华蜜蜂秋季饲养管理 ……………………… 76

第四节　中华蜜蜂冬季饲养管理 ……………………… 84

第五章　蜂产品生产技术 ………………………… 88

第一节　蜂蜜的生产 …………………………………… 88

第二节　蜂花粉的生产 ………………………………… 94

第三节　蜂毒的生产 …………………………………… 97

第四节　蜂蜡的生产 …………………………………… 98

第五节　蜂蛹的生产技术 ……………………………… 100

第六章　中华蜜蜂育种养王技术 ………………… 107

第一节　选择优良中华蜜蜂蜂王 ……………………… 107

第二节　中华蜜蜂蜂王的培育 ………………………… 109

第三节　中华蜜蜂品种改良方法 ……………………… 110

第四节　蜜蜂交尾群的组织与管理 …………………… 112

第七章　中华蜜蜂病虫害防治及病毒病 ………… 114

第一节　蜜蜂病害相关概念 …………………………… 114

第二节　蜜蜂病害的防治原则 ………………………… 115

第三节　中华蜜蜂常见病毒病防治 …………………… 115

第四节　中华蜜蜂常见细菌病及其防治 ……………… 124

第五节　中华蜜蜂常见真菌病及其防治 ……………… 128

第六节　中华蜜蜂其他病防治 ·················· 132

第七节　中华蜜蜂其他病害防治 ················· 137

第八章　蜂场的卫生消毒及行为识别 ········· 147

第一节　蜂场卫生消毒 ······················· 147

第二节　蜜蜂的行为语言 ····················· 148

第一章 中华蜜蜂资源概况

第一节 中华蜜蜂的历史

中国是中华蜜蜂（简称中蜂）的发源地。原始的养蜂可追溯到人类最早采集野生蜂蜂蜜的时代。中国养蜂约有两千余年的历史，唐诗有云："不论平地与山尖，无限风光尽被占。采得百花成蜜后，为谁辛苦为谁甜。"这说明在早在唐朝时期，养蜂业就已达到鼎盛。中华民族将野生中华蜜蜂逐步饲养为家养中华蜜蜂，经历了原始采集蜂蜜和人工饲养蜜蜂两个阶段。中国古代养蜂技术发展缓慢，19 世纪末 20 世纪初，西方蜜蜂和活框养蜂技术传入中国，中国近代养蜂业有所发展，几经兴衰，逐渐形成中西合璧蜂产业。

中华蜜蜂曾面临西方蜜蜂的激烈竞争和病虫害的严重考验，但仍能恢复发展，不失其存在的价值。历史足以说明，中华蜜蜂仍是中国蜂业的一大瑰宝。

第二节 中华蜜蜂的现状

一、分布概况

在中国，中华蜜蜂从东南沿海到青藏高原的 30 个省（自治区、直辖市）均有分布。据杨冠煌等调查，中华蜜蜂的分布，北线至黑龙江省的小兴安岭；西北线至甘肃省武威、青海省乐都和海南藏族自治州，新疆深山也发现有少量分布；西南线至雅鲁藏布江中下游的墨脱、摄拉木，南至海南省，东到台湾省。集中分布区则在西南部及长江以南省区，以云南、贵州、四川、广西、福建、广东、湖北、安徽、湖南、江西等省区数量最多。中国饲养量 200 多万群，约占全国蜂群总数的 1/3 左右。

二、生存现状

中华蜜蜂有 7 000 万年进化史。在中国，中华蜜蜂抗寒、抗敌害能力远远超过西方蜂种，一些冬季开花的植物如无中华蜜蜂授粉，必然影响生存。中国许多植物繁衍下来，中华蜜蜂功不可没。中华蜜蜂为苹果授粉率比西蜂高 30%，且耐低温、出勤早、善于搜集零星蜜源，对保护生态环境意义重大。

毁林造田、滥施农药、环境污染、意大利等国洋蜂的引入等因素，造成中华蜜蜂生存危机。从 1896 年开始，西方蜜蜂（*Apis mellifera* L.）的优良品种，如意大利蜂（*Apis mellifera ligustica Spinola*）和喀尼阿兰蜂（*Apis mellifera Carnica Pollmann*）被引进和大量繁育。这些洋蜂对中华蜜蜂有很强的攻击力，且翅膀振动频率与中华蜜蜂的雄蜂相似，导致中华蜜蜂会误认，从而它们可以顺利进入蜂巢，还得到相当于同伴的待遇和饲喂。由于不同种群不能共存，中华蜜蜂受到了严重威胁，分布区域缩小了 75% 以上，种群数量减少 80% 以上。黄河以北地区，只在一些山区保留少量中华蜜蜂，如长白山区、太行山区、燕山山区、吕梁山区、祁连山区等，并处于濒危状态，蜂群数量减少 95% 以上；新疆、大兴安岭和长江流域的平原地区中华蜜蜂已灭绝，半山区处于濒危状态，大山区如神农架山区、秦岭、大别山区、武夷山区、浙江南部、湖南南部、江西东南部山区、南岭、十万大山等地区处于易危和稀有状态，蜂群减少 60% 以上；只在云南怒江流域、四川西部、西藏还保存着自然生存状态。

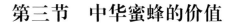

第三节 中华蜜蜂的价值

一、饲养中华蜜蜂的效益

饲养中华蜜蜂不占耕地，不用粮食，投资少，见效快，收益大，是传统的见效快的产业。利用中华蜜蜂为农作物、果树、牧草、蔬菜、中药材、材木授粉，可以大幅度提高果实和种子的产量和质量，尤其可以增加商品卖相，为果蔬基地和大棚采用。山区的蜜源植物很丰富，适宜发展养蜂业，一年四季农作物与野花不断的地带，饲养中华蜜蜂最合适。

饲养中华蜜蜂能生产大量的蜂产品，如蜂蜜、蜂花粉、蜂蜡、蜂毒、蜂蛹等。这些天然的生物产品，营养丰富，是加工保健食品的重要原料。除了提供蜂产品，中华蜜蜂在农业生产中提高农作物产量、质量和授粉效率等方面有重大意义。

二、发展中华蜜蜂的方向

伴随"绿水青山就是金山银山"的理论从浙江省走向全国，各地生态环境都在不断改善，适合中华蜜蜂生存的小环境也在不断增多，在生产和技术上有以下方向可遵循：

1. 发展适度规模化养蜂，以智能化推进产业转型升级；
2. 推广蜜蜂授粉技术，转变养蜂生产方式；
3. 依靠科技创新，促进蜂产品精深加工。

第二章 中华蜜蜂饲养基础

第一节 中华蜜蜂的形态特征

一、卵、幼虫和蜂蛹

卵：如香蕉状，呈乳白色，略透明，两端粗细略有不同，稍粗一端是头部，稍细一端是腹部。

幼虫：刚孵化出的幼虫为蛋青色，不具足，只有针尖大小，约重0.10mg，体表有横环纹的分节，有一个小的头和13个分节的躯体。

蜂蛹：触角、足和翅已展开，复眼和成虫的口器均已出现，蛹体呈白色略透明，渐变为黄褐色。

二、成虫的外部形态

中华蜜蜂蜂王体长18～22mm，体重250mg左右。头部呈心形，上颚锋利，体型较长，腹部呈长圆锥形，占体长3/4，可见腹节6节，同时它的翅长与体长的比例比工蜂和雄蜂小得多。

工蜂个体较蜂王和雄蜂小，体型小，体灰褐色，头、胸背面密生灰黄色的细毛，头略呈三角形，有复眼一对，单眼三个，触角一对，足三对，腹部圆锥形，有毒腺和螫针。

雄蜂头部比工蜂大，近似圆形，体型较工蜂粗壮，体表绒毛多而长，尤其是腹部，且体色较深；此外，翅宽大，腿亦粗短。

三、三型蜂胚胎发育期所需的生活条件

蜜蜂在胚胎发育期要求一定的生活条件，如适合的巢房、适宜的温度（32～35℃）、适宜的湿度（70%～80%），以及经常的饲喂、充足的饲料等。在正常情况下，同品种的蜜蜂由卵到成蜂的发育期大体是一致的。如果巢温过高（超过 36.5℃），发育期将会缩短，甚至发育不良、翅卷曲或中途死亡；巢温过低（32℃以下），发育期会推迟或受冻伤。

四、蜜蜂的发育过程

蜜蜂是完全变态昆虫，三型蜂都经过卵、幼虫、蛹和成蜂 4 个发育阶段。

五、工蜂的完成发育和衰老

（1）成熟期：0～6d。0～3d 不能自食，清巢保温；3～6d 喂大幼虫，两翅可张开，但飞翔力弱。

（2）少年期：5～12d。王浆腺、嗅腺发达，肌肉开始强健，是激素活跃期，主要承担哺育幼虫工作。

（3）青年期：12～18d。蜡腺、毒腺最发达，主承清巢，存粉酿蜜，筑巢和保卫工作。

（4）壮年期：18～30d。分泌浆、蜡功能退化，肌肉神经系统最发达，主要承担采蜜、采粉和守卫工作。

（5）衰老期：30 日后。采蜜能力降低，飞翔负载力下降，但守卫能力提高，采集晚期的工蜂，翅残，体毛脱，体色暗。工蜂生命周期根据季节不同而不同，1～4 个月不等。

六、蜂王的完成发育和衰老

（1）成熟期：0～6d 性成熟期。5～6d 性基本成熟，腹部开始收缩抽动，螫针腔时开时闭。

（2）婚飞交尾期：5～12d。蜂王性成熟后，开始有工蜂围拥蜂王。在天气晴朗的下午，蜂王在工蜂的拥簇下进行婚飞，蜂王要与多只雄蜂交配，才能满足终身所需的精子。因此，蜂王需要进行多次婚飞交配活动。

（3）产卵期：交配满足后 1～2d 开始产卵。

（4）衰老期：2～3 年后蜂王产卵力下降，开始出现衰老。

七、雄蜂的完成发育和衰老

（1）成熟期：0～12d。

（2）青春期：12～30d。雄蜂婚飞时间与蜂王基本一致，雄蜂婚飞常寻找固定的场所，聚集飞翔形成"雄蜂婚飞聚集区"，性激活的雄蜂一旦嗅到婚飞蜂王发出的气味就群起追赶，最先赶到的雄蜂自上而下紧抱胸腹部，弯腹与之交配，交配发生后不足 1 秒钟，雄蜂就从蜂王腹背上突然瘫痪而死。蜂王交配后尾端常留有雄蜂白色黏液和阳茎残肢，形成所谓的交尾标记。

（3）衰老期：30 日龄后。进入衰老期，雄蜂不参与劳动，寿命可达 3～4 个月。正常情况下，蜂群出现雄蜂有明显的季节性，一般出现于春季和夏季，消失于秋末。冬天来临后，雄蜂一般会被工蜂赶出蜂房，冻死或衰老而死。

八、系统发育日程简表

中华蜜蜂三型蜂生长发育归纳如下表：

（单位：d）

型别	卵期	幼虫期		蛹期	成蜂期	出房期
工蜂	3	6	2	8	1	20
蜂王	3	5	2	4	1	15
雄蜂	3	7	4	9	1	24
	未封盖期 8～10			封盖期 7～14		总天数 24

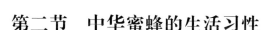

第二节　中华蜜蜂的生活习性

一、蜂群的组成

蜜蜂有蜂王、工蜂和雄蜂三种形态（三型蜂）。

蜂王是由受精卵发育而成的，是蜂群中唯一生殖器官发育完全的雌性蜂。通常蜂群中所有的工蜂和雄蜂均是蜂王的后代（新王刚组成的蜂群除外）。蜂王的头部正面观呈心脏形，单眼明显，复眼比雄蜂小，但比工蜂大，复眼间距比工蜂大。蜂王的上颚特别发达，喙短，体形较长，腹部呈长圆形，螫针强壮，略为有点倒刺。蜂王不参与哺育和采集饲料工作，它周围有"侍卫蜂"不断以触角触摸蜂王，舔它、喂它和搬走它的排泄物。

工蜂是生殖器官发育不完全的雌性蜂。工蜂在蜂群中数量最多，个体最小。它的头部正面观呈三角形，复眼较小，上颚发达，喙长。每千克工蜂约有 12 000 只，每只工蜂爬在巢脾上约占 3 个巢房的面积，一个标准巢框两面爬满工蜂约有 2 500 只。工蜂担负起蜂群内外各项工作，如采集花蜜和花粉；酿制蜂粮，哺育幼虫和蜂王，分泌蜂蜡修造巢房，守卫蜂巢；调节群内温度和湿度，清理巢房等。因此，工蜂的数量及个体素质决定着蜂群的生产力。

雄蜂是由未受精卵发育而成的雄性个体，它体格粗壮，复眼发达，有用来从工蜂和巢内蜜房中摄取食料的短舌，它不从花中采集食料。雄蜂没有螫针、花粉筐、泌蜡腺，也没有产生气味的臭腺。它唯一的用处是在空中与适龄处女王交配而后丧生。

二、蜂巢的结构

蜂巢是蜂群生活和繁殖后代的处所，由巢脾构成。各巢脾在蜂巢内的空间相互平行悬挂，并与地面垂直，巢脾间距为 7～10mm，两脾之间的中心线一般距离为 30mm，每张巢脾由数千个巢房联结在一起组成。大、小六角形的巢房，分别为培育雄蜂和工蜂的，底面为三个菱形面。培育蜂王用的巢房，称为王台，形状似下垂的花生，多在巢脾下部和边角上。在雄蜂房和工蜂房之间以及巢脾与巢框的连接处，出现有不规则的过渡型巢房，用于贮存蜂蜜和加固巢脾。巢房可分为工蜂房、雄蜂房、王台、过渡型巢房和边沿巢房。工蜂房在巢脾上的数目最多，每个巢房都呈六角形的筒状，底面由三个菱形面组成，巢房口略为向上，是哺育工蜂和贮藏蜂蜜蜂粮的。王台是专门培育蜂王的巢房，是工蜂临时建造的，多在巢脾的下面。工蜂造王台时，先造成圆杯状的台基，口向下，蜂王在其上产卵后，随着幼虫的发育，工蜂不断把台基加长，最后再把台口封盖。中华蜜蜂王台直径约 7mm，深度约 10～15mm；过渡型巢房出现在工蜂房与雄蜂房或王台之间以及连接巢框的地方，呈现出不规则的四边形、五边形巢房，用以加固巢脾和贮蜜。

在蜂巢里，子脾、蜜脾和花粉脾按着一定的自然次序排列着。子脾位于蜂巢中下部区间，呈椭圆状，其上侧及两侧是花粉脾，花粉脾的上侧及两侧是蜜脾。蜂蜜、蜂子和花粉在一张巢脾上的位置也有一定的排列次序。子圈在脾的中下部，呈椭圆形；粉圈在子圈的上侧和两侧；蜜圈在粉圈的上侧及两侧。

三、蜂群习性

中华蜜蜂飞行敏捷，嗅觉灵敏，出巢早，归巢迟，每日外出采集的时间比意大利蜂多 2～3h，善于利用零星蜜源。造脾能力强，喜欢新脾，爱啃旧脾，抗蜂螨和美洲幼虫腐臭病能力强，但容易感染中华蜜蜂囊状幼虫病，易受蜡螟危害，喜欢迁飞，在缺蜜或受病敌害威胁时特别容易弃巢迁居，易发生自然分蜂和盗蜂，不采树胶，分泌蜂王浆的能力较差，蜂王日产卵量比西方蜜蜂少，群势小。

第三节　中华蜜蜂传统饲养

在活框蜂箱传入我国之前，我国的养蜂者采用诸如木器、木桶、空心树段、竹笼、草窝、箱式蜂箱，甚至凿石作蜂窝等方法来饲养中华蜜蜂。随着经济发展与社会生活的改变，人们更加推崇中华蜜蜂传统饲养。返璞归真的生活理念使传统饲养的中华蜜蜂蜂蜜价倍增，传统饲养的"土蜂蜜"售价较普通蜂蜜高 1～2 倍；"高价位"的产品能支撑传统饲养"低产出"模式的存在与发展。

史籍文献记载，中华蜜蜂的人工驯养史在 2 000 年以上；至 20 世纪初，随着西方蜜蜂和活框饲养技术的引进，我国现代养蜂家开始以西方蜜蜂活框转地模式来改良饲养中华蜜蜂，但没有以现代技术理念去研究中华蜜蜂传统饲养存在的合理性。若以西方蜜蜂活框饲养技术模式来看中华蜜蜂的传统饲养，不能"开箱"和"提脾"查看蜂群是最大的不便，养蜂者无法直观地掌握巢内情况；西方蜜蜂活框饲养技术模式，导致中华蜜蜂饲养背离优秀的传统生产方式而进入异途和歧途。给中华蜜蜂带来了无尽的灾难和不可估量的损失。

关于土法养蜂"毁巢取蜜"，相当多的文献记录中，否定中华蜜蜂传统饲养方式最主要的一种说法是，认为"原始的"（传统的）中华蜜蜂取蜜是采取"杀鸡取卵"式的"毁巢取蜜"，伤害了子脾，取出的蜂蜜混杂幼蜂虫体。土法养殖的中华蜜蜂的飞逃现象较为普遍，但在正常的状态下，土蜂飞逃是自然种群扩大的一种正常现象。除此之外，巢内发生病敌害侵扰亦会促使其非规律性的飞逃。中华蜜蜂的飞逃分蜂既可作扩大饲养规模所用，也可在某种程度上加以控制。对专业蜂场，刘基的《郁离子·灵邱丈人》中有这样的叙述："园有庐，庐有守。刳木以为蜂之宫，其置也，疏密有行，新旧有次，坐有方，铺有向，视其生息，调其喧寒，以恐其架构，如其生发，蕃而折之，寡则哀之，去其蛛蟊蚍蜉，称其土蜂绳豹，夏无烈日，冬不凝凘，飘风吹而不摇，淋雨沃而不溃，其分蜜也，分其赢而已矣，不竭其力也，丈人于是足不出户，而坐收其利。"

有经验的中华蜜蜂饲养者，在不同季节和蜜源条件下，能从箱外观察并判定巢内状况。传统饲养的取蜜方式及次数符合现代"成熟蜜"概念，绝大多数每年只取蜜一次，无"勤取蜜"做法。取蜜时间集中于8～10月（农历7～9月），浓度均能达到波美度42度。传统饲养中华的蜜蜂所产的蜂蜜为有机蜂蜜，山区森林植被的大气、土壤、水体均无任何污染，传统（土法）饲养的中华蜜蜂无任何化学药物及工业品投入物混入其中，蜂蜜的各项指标均能达到有机食品标准。

没有一种称得上有普世意义的中华蜜蜂养殖法。中华蜜蜂的饲养和管理，传统的毁巢取蜜法，一直被视为落后和不科学的行为。然而作为一项古老的蜂蜜生产方式，在特定的客观条件下，传统的毁巢取蜜法不但合理、实用，而且相当科学，经得起现代科学的论证与考量。中国最早的蜜蜂规模化饲养的创始人是民间高人姜岐，他的蜂场教授者满天下，营业者300人，民从而居之者数千家。

桶洞养蜂、空巢诱蜂、剿巢取蜜，是传统养蜂的基本模式，至今仍在民间沿用，是古老传统养蜂法的活化石。土洞置蜂，方法是在土墙上挖一个洞，洞口用土坯堵起来再用泥糊严，留一个小洞供蜜蜂进出。南方山林茂盛，野蜂很多，春夏之交，自会有野蜂飞来入住。如果当年风调雨顺，秋天百花开过后就可以收获蜂蜜了。用烟火熏走蜂群，取走部分蜂巢压榨蜂蜜。蜂巢取出后封闭洞口，留待下一年重复相同的步骤。全年也不必费一个管理工，挖个墙洞，支个木桶，就只剩割蜜一件事了，等于"坐享其成"，这才是养蜂上规模的基础。因为只有一次性取蜜，才能最大限度地减少工作时间，这一点，近百年来已为国外规模化蜂场所证实。汉字的"劓",原本就是"割取蜂巢",是蜂蜜生产的专用术语,是典型的古老的养蜂方法。只是因为西蜂养法的活框置脾法左右了我们的视野,才让我们无法看出中华蜜蜂老养法的高明与科学。

在土墙上挖出的土洞,支起个木桶。这样的桶洞冬暖夏凉,透气性极好,吸湿性很强,桶洞中一年四季的温度和湿度高度符合蜂群的要求。密封的洞口除了保持黑暗之外,也有效地阻止了蜂害的进入。而这两点,对中华蜜蜂的正常生活和生存至关重要。从生物学角度上讲,土蜂桶洞是无可挑剔的科学。

传统养蜂,是预置蜂桶洞诱蜂入住,看似无意,实含很深的科学道理。中华蜜蜂分蜂的时候大群、强群和壮群先分,第一次分蜂的蜂量是原群的1/2,是质量最高的。预备的桶洞,收留了最强大的分蜂群,这就为当年的丰收打下了坚实的基础。病群、弱群往往错过了最佳时节才分群,宜居的洞穴早被强壮的蜂群捷足先登,从一定程度上起到了淘汰不良群体的作用。劓巢取蜜,看似"杀鸡取卵""惨无人道",但是有它的科学性和合理性。因为从蜜源利用的角度上讲,一个地区的载蜂量是一定的,因此蜂群的数量不可能无限地增加。一旦蜂群超限,蜂蜜就可能歉收甚至绝收。因此从生态学的角度上看,劓巢是人为调整载蜂量的一项得力措施。如果山民们年年保留蜂群、扩大种群,想想看,漫山遍野都成了蜂洞,蜜蜂到哪里去采蜜呢,南方森林地区的野蜂资源通常都是相对丰富的,只要有桶洞,不愁招不来蜂,在这种情况下,劓巢取蜜不存在资源的破坏和浪费。在蜂群资源相对缺乏的地方,中华蜜蜂传统土法饲养技术是农户容易掌握的"简约化"养蜂技术,也会使原生态的中华蜜蜂自然种群稳定与增加。

20多年前,国家农业部曾在鄂西鹤峰县,投资开展中华蜜蜂活框饲养技术推广,中华蜜蜂活框饲养技术从过箱、造脾到取蜜、饲喂、防病等各个环节的技术难度大,不易全面掌握,疏忽某一环节即导致新的饲养方式失败。10 年推广活框群超过 3 000 群，20 年后仍能以活框饲养的中华蜜蜂不足 300 群，过箱后的活框饲养群最易见的蜂病是囊状幼虫病和欧洲幼虫病，防治药物能导致所产蜂蜜残留污染，还有加入石蜡的巢础和用冰醋酸防治蜡螟，无法使产品达到有机档次。从生物多样性角度，物种种群的稳定不宜用人工方式促进，采用活框技术饲养改变了本区中华蜜蜂原有的生物学特性，与保护区建设的目标相异。站在经济的角度，饲养中华蜜蜂需要取得应有的效益，以自然分蜂增加种群的数量，从而增加单场而不是单群（桶）的经济收入，较符合"自然保护"目的。

中华蜜蜂传统土法饲养需要改进的技术环节，从外观上看，传统饲养所取蜂蜜黏稠度高，浑浊不透亮，这是因为取蜜部位深入到了储粉区，蜂蜜中混有较多蜂粮。此外，所取蜂蜜采用纱布过滤，网眼稀疏，蜂蜜中的蜡渣和花粉多所致。因此，研究取蜜部位和专用容器，选用适宜目数的过滤布较为重要。

中华蜜蜂近几十年的箱式有较大改变，如蜂桶或挖空的树筒，但箱内的蜂巢结构与蜂桶相同。主要改变是弧形为 4 个直角的方形，方便切割蜜块。传统方式饲养的中华蜜蜂无法检查巢内发病与否，但对侵袭性的敌害（包括蜡螟）则一目了然，也有非药物性的有效防御手段，可在选择现行通用的方法上加以推广。传统饲养中华蜜蜂可以根据操作实践设计或制作专用的取蜜工具和容器。

收蜂抓捕飞逃的蜂群，诱蜂抓捕野蜂家养是最重要的技术。根据中华蜜蜂飞逃时"先近后远"的特点，分设远、近不同的收蜂点；收蜂点应放置有蜡渣等气味吸引的"诱俾"，便于飞逃群投入。一般土蜂都养在山区，山区野蜂资源也比较多，可以去山林里挖野蜂，也可以在山上一些蜜蜂经常出没的地方放诱蜂箱，来扩大自己的养蜂场。秋季收捕的飞逃群或上年飞走后的老桶群，因采集蜂不足或采蜜期短成为饥饿群，冬季必须饲喂。饲料应是它群取出的蜂蜜或蜜水，而不能是蔗糖或其他工业甜味剂。传统方式饲养中华蜜蜂（土法养蜂），有其特有的管理方式。因地域差异，但不必套用西方蜜蜂操作频率较高的"四季管理"，应集中于繁殖期（上半年）、取蜜期（夏秋）和非生产期（冬季）三点。可分设放蜂场地和收蜂场地两类，其地势、朝向、聚集的群落各有不同，但养蜂户均已总结有规律性的标准。

第四节　中华蜜蜂利用的蜜粉源植物

一、蜜粉源植物

蜜粉源植物指拥有蜜腺并能分泌花蜜和吐放花粉的开花植物，是蜜蜂的饲料，也是养蜂的物质基础。某些乔木因具特别芳香的花，而使蜜蜂将巢筑于其中，故常被称为蜜源树。

二、花蜜和花粉

花蜜：植物蜜腺成熟时可分泌出花蜜。花蜜是植物积累的营养液，也是蜂蜜的基本原料。花蜜的主要成分有蔗糖，还有葡萄糖、果糖，一定量的氨基酸、有机酸、矿物质、类脂化合物及芳香物质、色素等。花蜜中糖及各类物质占 $10\%\sim60\%$ ，其余为水分。

花粉：由雄蕊中的花药产生，是蜜蜂幼虫的主要食物之一，其蛋白质、维生素等营养素主要来自于花粉。各种花粉的营养成分差异大，且非常复杂，内含大量的生物活性物质，是营养界公认的"微型营养库"。

三、主要的蜜粉源植物

在养蜂生产中能采到大量花蜜或花粉的植物称为主要蜜粉源植物，其特点是数量多、分布广、花期长、分泌花蜜量多、蜜蜂爱采。此外，还有种类较多的能分泌少量花蜜和产生少量花粉的辅助蜜粉源植物，如桃、梨、苹果、山楂等各种果树，以及瓜类、蔬菜、林木、花卉等。在主要蜜源植物开花期不相衔接时，可用以调剂食料供应。中华蜜蜂除了采集主要蜜粉源植物之外，优于意蜂的长处就是善于采集山区森林内零星的辅助蜜粉源植物。

我国的蜜粉源植物众多，据初步统计，主要蜜粉源植物约有40余种，辅助蜜粉源植物约有300余种。受气温、雨水和光照等自然因素的影响，各地蜜粉源植物开花泌蜜的时间、数量不相同，所生产的蜂蜜色泽、口感、成分也不尽相同。

蜜粉源植物有：粮食作物中的荞麦；油料作物中的油菜、向日葵、芝麻；纤维作物中的棉花；豆科牧草和绿肥中的紫花苜蓿、紫云英、苕子；果树中的柑橘、枣、荔枝、龙眼、枇杷；乔木中的刺槐、椴树、乌桕、蓝果树、桉树；灌木中的柃木、荆条、野坝子等；野草中的野菊花、香薷、老瓜头、水苏，以及香料植物中的薰衣草、麝香草等。以上植物是蜂群周期性饲养的主要蜜源。

蜜蜂除采集花蜜外，有时还采集甘露。甘露分两种，一种是寄生在松树、柳树、乌桕等枝叶上的蚜虫等昆虫吸取植物的汁液，经过消化作用后排泄出来的糖分洒在植物的枝叶上，成为糖的汁液；另一种是某种植物的枝叶，在气温剧烈变化时分泌出来的一种含糖汁液。一般称前者为甘露，后者为蜜露。蜜蜂采集了以上两种甜的露酿造成的蜂蜜，通称为甘露蜜或露蜜。

第五节　南方春季常见蜜粉源植物

一、油菜花

油菜花，十字花科，一年生人工种植的草本植物。江南一般

于 2～4 月开花，花期约 15～
25 天。油菜花为春季重要蜜粉
源，气温高时泌蜜量大，蜜蜂
采集积极。花粉呈黄色、粉
多，有黏性。若遇雨水或低温
等天气不利于开花泌蜜。

　　纯油菜花蜜，柔润适口，
甜而不腻。蜜呈特浅琥珀色，透明、黏稠，易呈白色结晶，具有
油菜花香味。

二、紫云英

　　紫云英，豆科，一年生草
本作物，主要用作绿肥或青饲
料，别名红花草、红花、草
子。2～4 月开花，花期长达 20
多天。紫云英是我国主要蜜源
植物之一，但长江中下游流域
省区的紫云英开花泌蜜易受阴
雨威胁。

三、毛花连蕊茶

　　毛花连蕊茶，山茶科，别
名野茶籽，为野生灌木或小乔
木，开花期 2～3 月，为山区早
春重要蜜源植物之一。花色洁
白或带红晕，芳香扑鼻。主要
分布在南方浙江、江西、江
苏、安徽、福建等地山区、半
山区。

四、掌叶覆盆子

覆盆子，蔷薇科悬钩子属的野生灌木植物，别名悬钩子、树莓、野莓、木莓、谷公。开花期3～4月，花白色，聚合果红色或金色，果实味道酸甜。植株的枝干上长有倒钩刺。为低山丘陵地带常见植物，生于山坡疏林下、林缘、灌草丛中。覆盆子植物有多种药物价值，为山区辅助蜜粉源植物。

五、山樱花

山樱花，蔷薇科，野生落叶小乔木，种类较多，有迎春樱、浙闽樱、黑樱桃等，南北均有分布。开花期2～3月。叶子要等到花期快结束了才长出来。伞房状或总状花序，花瓣白色或淡粉红色。为山区早春辅助蜜粉源植物。

六、山鸡椒

山鸡椒，樟科木姜子属，为野生灌木或小乔木，别名山鸡椒、山苍树、山姜子、木香子、木姜子。伞形花序，花黄色，开花期2～3月，先花后

叶，全株具浓烈香气。性味辛、微苦，有香气，无毒。为我国特有的香料植物资源之一，也是山区早春辅助蜜粉源植物，粉多蜜少，蜂采此花后巢脾变成黄色，对繁蜂起着重要的作用。常生于荒山、荒地、灌丛中或疏林、林缘及路边。主要分布于中国长江以南各省区直至西藏。

七、马尾松

马尾松，松科松属，常绿针叶林大乔木，花球长卵形，花期4～5月，花粉奶黄色，极丰富，可制保健品，无花蜜，但其针叶上可产蜜露。主要分布于华东、华中、华南、西南及晋、陕等地。马尾松适生海拔800m以下低山，为南部山区最常见的常绿针叶树种。

第六节　南方夏季常见蜜粉源植物

一、苦槠

苦槠，壳斗科栲属大乔木，为常绿阔叶林的代表性建群种之一，开花期4～5月，花序穗状，花期满树白花，颇为壮观。花期时间较长，蜜、粉丰富。主要分布于长江流域以南，常见于海拔200～800m低山丘陵。蜂蜜呈棕黄色，微苦。

二、女贞

女贞，木犀科女贞属，常绿乔木。开花期5～6月，夏季白花满树芬芳，蜜、粉较为丰富，可提取芳香油。分布于秦岭以南及长江流域各省山区半山区。一般生于海拔800m以下的沟谷、山坡，平原常见人行道或园林绿化树栽植。

三、野漆树

野漆树，漆树科漆树属，小乔木，别名漆木、痒漆树、木蜡树，花黄绿色开花期5～6月。为山区夏季辅助蜜源植物，分布于华北至长江流域各省山区半山区。本植物易使人过敏，在野外应避免直接接触。

四、板栗

板栗，壳斗科，别名栗、板栗、栗子、风栗，中乔木，开花期5～6月，花序穗状，白色，为山区夏季主要蜜源植物。分布于辽宁以南各省，野生常灌木状，多生于600m以下低山丘陵、次生灌丛中。人

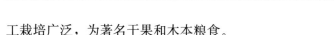

工栽培广泛，为著名干果和木本粮食。

纯正天然的板栗蜜呈暗黑色，在太阳或灯光下呈暗红色，黏稠度较其他蜂蜜更低，略带苦涩，这是其他所有的花蜜都没有的特点。

五、楤木

楤木，五加科，别名老虎刺、红刺、鸟不踏，鸟不宿等。灌木或乔木。伞形花序顶生，开花期6～8月，蜜、粉源丰富，为夏季主要蜜粉源植物。分布于华东、华南、西南、华北山区、半山区。

楤木蜜虽然味道偏苦，但其蜜可入药，有治理痔疮的作用。

六、乌桕

乌桕，大戟科乌桕属。中乔木或灌木，别名小桐子、红叶乌桕、蜡烛树、油籽树、山柳、红心乌桕、山柏子等。花黄色，总状花序聚集顶生，开花期6～7月，花期25～30d，

泌蜜量大，花粉充足，为夏季重要的蜜粉源植物之一。主要分布于长江流域及华东、西南等地。属园林绿化观赏树种，也是中国特有的油料经济树种，人工栽培已有1 400多年的历史。

乌桕蜜浅琥珀色，浓度较低，低温下结晶黄色，颗粒较粗。蜜甘甜适口，香味较淡。

第七节 南方秋季常见蜜粉源植物

一、牡荆

牡荆，马鞭草科，落叶灌木，别名黄公柴、荆柴、荆条。开花期 6～9 月，群体花期约 30～35d。圆锥形聚伞花序顶生，花淡紫色。花期较长，蜜粉丰富。分布于华北、东北南部、西南及长江以南各省，常生于山坡路旁。药用植物。

荆条蜜刚取出时呈水白色，放置 20～30d 呈浅褐色，时间加长颜色会再加深，低温时容易结晶，味芳香。

二、盐肤木

盐肤木，漆树科盐肤木属，别名五倍子树、百虫仓、百药煎、山梧桐、黄瓤树，灌木或小乔木。开花期 8～9 月，花白色，大型圆锥花序顶生，蜜粉丰富。除东北、内蒙古和新疆外，其余省区均有分布。生于

海拔 170～2 700m 的向阳山坡、沟谷、溪边的疏林或灌丛中。盐肤木为五倍子蚜虫寄主植物，是主要经济树种之一。

盐肤木蜜清香味纯，晶莹透明，呈琥珀色，味甘甜，略有中药香气。除有普通蜂蜜特点外，还具有解毒、止泻、杀菌及收敛作用。

三、荞麦

荞麦，蓼科一年生草本植物，别名甜荞、乌麦、三角麦等。生长周期较短，人工种植的有秋荞麦（10～11月开花）、冬荞麦（1～2月开花）、春荞麦（2～3月开花），此外还有零星的野荞麦。以秋季为  主，荞麦开花多，花期长达30d，蜜腺发达，具有香味，泌蜜较大。

荞麦蜜，呈深琥珀色，味甜而腻，回味重，富刺激性气味，易结晶。蛋白质和铁的含量高，含铁量是其他蜂蜜的20倍以上，补血效果好；抗氧化效果是所有蜂蜜中最强劲的，含有芸香甙，能软化血管。

四、茶叶

茶叶，山茶科，灌木或小乔木。有野生和人工种植两种，分布南方各省。野生茶叶适生于丘陵山地、林下灌丛中。花白蕊黄，具芳香，开花期10～11月，群体花期60～70d，为秋季重要蜜粉植物。

茶花蜜，口感醇厚，富含氨基酸、脂肪酸、活性酶等多种有效活性成分，其中氨基酸含量居蜜中之首。

第八节　南方冬季常见蜜粉源植物

一、柃木

柃木，山茶科柃木属植物，常绿灌木，别名山桂花、野茶、野桂花、小茶花等，柃木属全国约有 80 余种，常见的有短柱柃、翅柃、细枝柃、微毛柃、米碎花等 10 余种。柃的花期自高纬度向低纬度、高海拔向低海拔推迟，总花期可从当年 10 月延至翌年 2～3 月。因此，在一些地区有秋柃、冬柃和春柃之分。为低温泌蜜植物，往往夜打轻霜，日出后天暖即泌蜜。在夜冷昼热的条件下泌蜜量更大。花期长，泌蜜量大，蜜蜂喜欢采集，为山区冬季蜜蜂过冬的重要蜜粉植物之一。分布于华东、华南、西南各地，适生于山区丘陵、山坡林下、灌丛中。枝叶可供药用，有清热、消肿的功效。

其蜜水白色，结晶细腻，有浓郁香气，属上等蜂蜜。

二、枇杷

枇杷，蔷薇科枇杷属，小乔木水果，原产中国东南部，国内亚热带地区广泛栽培。圆锥花序顶生，花白色，可入药。开花期 10～12 月，蜜多粉少，是冬季为数不多的辅助蜜粉植物。

纯枇杷蜂蜜呈浅琥珀色，性凉，入口时有一股杏仁的味道，温度低时易出现细腻的白色结晶。具有清肺解毒、镇静止咳、安眠及治疗支气管炎、气管炎等有辅助作用,为上等蜂蜜,稀有蜜种。

三、野菊花

野菊花,菊科多年生草本
植物,种类较多,头状花序,
外形与菊花相似,花棕黄色。
开花期 9～12 月,为秋冬季辅
助蜜粉植物。气辛,味苦。野
生于山坡草地、田边、路旁等
野生地带。

野菊花蜂蜜,能止渴生津、清热降火、祛风解毒、平肝明
目,尤其对疥疮、暗疮、风湿等疾病有一定的疗效,是防暑降温
的好饮料,但胃寒者食用要适度,过多会增加胃寒、腹泻、甚至
会造成胃溃疡。

四、红花油茶

红花油茶,山茶科,常绿
小乔木,品质优良的油料作
物,分布于长江以南,适生于
海拔 800m 以上山地,花红
色,开花期 11 月至次年 4 月
份,蜜多粉少,为高山地区辅
助蜜粉植物。

第九节 中华蜜蜂的饲养用具

一、基本用具

蜂箱:蜂箱的发明奠定了新法养蜂的基础,是人工饲养蜜蜂
的最基本的用具之一。蜜蜂在蜂箱中进行抚育蜂子、贮存饲料等

一切活动。蜂箱是蜜蜂避免外界环境干扰的屏障，由于需长期放置在露天环境中，经受风吹、雨淋、日晒，所以蜂箱需要用坚实、质轻、不易变形的木材制作而成，并且所用的木材要经过充分干燥。北方以红松、白松、椴木、桐木为佳，南方以杉木为宜。目前我国饲养中华蜜蜂的蜂场则使用各式中华蜜蜂蜂箱，类型较多。中锋标准蜂箱是专为科学饲养中锋设计的蜂箱。

中华蜜蜂的生物学特性和饲养要求虽然与西方蜜蜂有很多相似之处，但中华蜜蜂的体型、蜂王的产卵力、群势、清巢能力以及贮蜜习性等与西方蜜蜂有显著差别。所以除了部分蜂场使用西方蜜蜂标准箱饲养中华蜜蜂外，在长期的养蜂实践中，各地区还发展设计出多种类型的中华蜜蜂蜂箱，以更好地适应此蜂种的特殊要求。中锋标准蜂箱使用浅继箱，高 135mm，主要作储蜜作用。

目前在我国的中华蜜蜂饲养过程中使用较为普遍的蜂箱有从化式蜂箱、高仄式蜂箱、中一式中华蜜蜂箱、中华蜜蜂十框蜂箱、FWF 型中华蜜蜂箱以及各种桶式蜂箱等。我国中华蜜蜂多为定地饲养，在各种地理气候环境中发展出了不同的适用性，蜂农朋友可以在饲养过程中不断摸索改造适应当地中华蜜蜂生活习性的蜂箱，形成相应的管理方式。

蜂桶：桶养中华蜜蜂历史悠久，追其根源，蜂桶是劳动人民在生产实践中长期选择的结果，比较适宜中华蜜蜂生存和繁衍。蜂农们根据各地自然条件因地制宜地研制出各种桶型，如云南以树干中间挖空的树桶、四川等省的立式木桶、贵州的横式悬桶。不管是木质桶或是树桶，它们均具有结构严密、厚实、保温、保湿、弱光、防御、隔音等特点，自然构成适应中华蜜蜂习性的小生态环境。桶型有它的缺点和弊端：不易实行科学管理，人工控制因素少，产量低，经济效益不高等。实施养蜂科学化和机械化，过箱实行箱养是中华蜜蜂管理上的技术改革，能大大提高生产力。

巢础：巢础是安装在巢框内供蜜蜂筑巢脾的基础。它是人工制造的蜜蜂片，经巢础机压制而成，具有巢房底和巢房壁的根基，有供饲养中华蜜蜂用的中华蜜蜂巢础。使用巢础筑造的巢脾整齐、平整、坚固并且少雄蜂房。

二、饲养管理用具

饲养管理用具是养蜂生产中不可或缺的辅助用具，主要包括保护养蜂者的面网、检查管理蜂群使用的起刮刀、使蜜蜂镇静的喷烟器、蜂扫、隔王板以及饲养蜜蜂的饲喂器等。

（1）面网。面网是在蜜蜂饲养管理工作中保护操作者头部和颈部免遭蜜蜂蜇刺的防护用品。

（2）起刮刀。起刮刀是养蜂管理的专用工具，通常一端是弯刃、一端是平刃，主要用于在打开蜂箱时撬动副盖、继箱、巢脾以及刮除蜂箱内的赘脾、蜂胶以及蜂箱底部的污物。

（3）喷烟器。在检查蜂群、采收蜂蜜或生产蜂王浆时，可使用喷烟器镇服或驱逐蜜蜂，减少蜜蜂因蜂巢受到干扰而对操作人员的蜇刺行为，提高工作效率。使用时，把牛粪、艾草、麻绳（一般为温和无毒的芳香类纯植物）等点燃，置入发烟筒内，盖上盖嘴，鼓动风箱，使其嘴喷出浓烟，镇服蜜蜂，使用时注意不要喷出火焰。

（4）蜂扫。蜂扫是长扁形的长毛刷，在提取蜜脾、产浆框、育王框等操作时可使用蜂扫来扫除巢脾上附着的蜜蜂。

（5）隔王板。隔王板是限制蜂王产卵和活动范围的栅板，工蜂可以自由通过。按照使用时在蜂箱上的位置可把隔王板分为平面隔王板、框式隔王板两类，平面隔王板使用时水平放置于巢箱、继箱箱体之间，可以把蜂王限制在巢箱内产卵繁殖，从而把育虫巢箱和贮蜜继箱分割开，以方便取蜜和提高蜂蜜质量。框式隔王板使用时竖立插入底箱内，可把蜂王限制在巢箱内的几张脾上产卵。

（6）饲喂器。在外界蜜源条件缺乏，进行补充饲喂或刺激蜂王产卵、蜂群繁殖时需对蜜蜂进行人工饲喂，饲喂器是用来盛放蜜液或糖浆供蜜蜂取食的用具。常用的饲喂器如下：

①瓶式饲喂器。瓶式饲喂器属于巢门饲喂器，由广口瓶和底座组成。瓶盖上钻有若干小孔，使用时将装满蜜汁或者糖浆的广口瓶盖子旋紧，倒置插入底座中，使蜜汁能够流出而不滴落。将它从巢门插入蜂箱内供蜜蜂吸食，使用瓶式饲喂器进行奖励饲喂，可以避免引起盗蜂。

②框式饲喂器。框式饲喂器属于巢内饲喂器，为大小与标准巢框相似的长扁形饲喂槽，有木制的、塑料的或使用竹子制造的。使用时槽内盛蜂蜜汁或糖浆，并放入薄木浮条，供蜜蜂吸食时立足，以免淹死蜜蜂。框式饲喂器适用于进行补助饲喂。

此外，也有把巢框上梁设计得较厚、在巢框上梁上凿出长方形的浅槽，作为奖励饲喂少量蜜汁的饲喂器使用，以节省巢内空间。

三、蜂产品生产工具

1. 蜂蜜生产器具主要包括割蜜盖器械和蜜蜡分离器械

割蜜盖器械用于切除蜜脾上的蜡盖，以进行蜂蜜的分离。割蜜盖器械主要有割蜜刀和割蜜盖机两种类型。割蜜刀或割蜜盖机的刀具要由不锈钢制成，以避免铁质刀具因为锈蚀而污染蜂蜜。

蜜蜡分离器械包括用于回收从蜜脾上割下来的蜡盖上黏附的蜂蜜或滤除蜂蜜中的杂质时使用的过滤器，以及利用离心力把蜜脾中的蜂蜜分离出来的摇蜜机。摇蜜机、过滤器的漏斗骨架以及用于盛装蜂蜜的蜜桶最好使用耐腐蚀、无污染的不锈钢材料制作，切不可使用脱掉防锈树脂的铁皮摇蜜机和铁桶生产、储存蜂蜜，以防止器具被蜂蜜侵蚀后金属铁污染蜂蜜。过滤器的滤网使用不锈钢纱或无毒尼龙纱制作，保证其坚固耐用并便于随时清洗。

2. 蜂花粉生产器具主要包括花粉截留设备、花粉干燥设备以及花粉储存器具等

花粉截留设备用于截留采粉工蜂回巢时所携带的花粉团，主要包括箱底花粉截留器和巢门花粉截留器等类型。新采收的花粉含水量较高，需要及时进行干燥以避免发生霉变，造成损失。

花粉干燥可使用自然干燥法、普通电热干燥器及远红外电热干燥器等。

3. 蜂毒、蜂蛹生产器具

蜂毒淡黄色且透明，是工蜂的毒腺分泌物。收集蜂毒的方法有直接刺激取毒法、乙醚麻醉取毒法、电击取毒法等。直接取毒法取毒量少，乙醚麻醉法所取蜂毒纯度不高，生产中较少采用。蜂毒生产主要使用电取毒器进行电击取毒。电击刺激蜜蜂排毒后收集的蜂毒质量纯净，对蜜蜂的伤害较轻，收集量较大。目前所用的电取蜂毒器种类较多，但一般都是由电源、电网箱和集毒板等部件构成。

蜂蛹是指 20～22 日龄的蛹，其矿物质含量十分丰富，可制作罐头产品或经过冷冻干燥制成干粉作为其他产品的添加成分。生产蜂蛹的器具主要有雄蜂脾、蜂王产卵控制器、割蜡盖刀、镊子以及盛接蜂蛹的器具等。

四、其他工具设备

养蜂中所用的蜂箱、巢框等木制蜂具较多，需要经常维护修理，养蜂人员应尽可能学会木工的基本操作技术，保留一套木工用具，如锯、刨、锤子、螺丝刀等，以方便在日常的养蜂管理中及时制作或维修所使用的工具。

图 2-1　中华蜜蜂的饲养用具

第三章　中华蜜蜂日常管理技术

第一节　中华蜜蜂的获得

中华蜜蜂是我国的优良蜂种。在环境较好的南方山区，野生中华蜜蜂资源十分丰富，"养蜂不用愁只需勤做桶"，收捕野生中华蜜蜂是利用自然资源解决蜂种既经济又有效的方法。诱捕野生蜂，要选好地点。诱捕野生蜂必须具备下面几个条件：

一、收捕时期、地点选择

蜜源流蜜盛期和分蜂季节是收捕野生中华蜜蜂的最好时期，此时不仅蜂群活动频繁，分蜂群多易于收捕，而且收捕到的蜂群容易驯养。所以诱捕蜂箱应该放在蜜、粉源丰富的地区。

夏季诱捕野生蜂，应选择阴凉通风的场所，冬季应选择在避风向阳的地方。将诱蜂箱放在坐北朝南山腰的岩洞下最理想，这样的地方不会受到日晒雨淋，而且冬暖夏凉，可以四季放箱诱蜂。另外，如檐前、大树下也是较好的地方。

突出的目标容易被侦察蜂发现，而且便于蜜蜂出入活动。天然明显的目标有：一是山中突出的隆坡，从四周远望都可以看到，蜜蜂采集飞行较方便；二是大树，它既是野生蜂营巢的目标，又常是分蜂团暂时栖息场所；三是山岩下，山岩下周围没有杂草乱树，目标明显，特别是悬崖绝壁，敌害难于接近，适于蜜蜂安居。最理想的诱蜂地点是向南山腰突出的岩下，面临深谷，四周有一些杂木林，上有老松掩映，目标分外明显。在分蜂季节将诱蜂箱放在这样的地方，蜂群常会接连飞来。

诱捕野生蜂，还要抓住良好时机。诱捕蜂的对象，绝大部分是分蜂群，也有因敌害被迫迁移的。被巢虫逼迁的，南方山区常发生在秋季群势衰退、巢虫猖獗时期；被胡蜂侵害逼迁的，常发生在夏、秋蜜源枯竭地区；被獾类破坏逼迁的，常发生在寒冬獾类觅食困难的时期。因此，应根据当地具体情况，抓住主要时期诱捕野生蜂群。

二、收捕准备

在蜜源流蜜盛期和分蜂季节到来之前，就要做好场址选择，蜂箱蜂具添置、收捕工具制作等必要的准备工作。收捕野生中华蜜蜂的蜂箱最好是以前养过蜂、干净、无缝隙、带有蜜蜡香味的蜂箱。没有蜂箱时可用蜂桶、竹筐等器具代替。诱捕野生蜂的工具有蜂箱和蜂具。诱蜂箱要不透光、洁净、干燥、没有树木或其他特殊气味，最好有蜜蜡香味。新箱有浓厚的木树味道，蜜蜂嫌弃，要经过加工处理。把新箱放在室外日晒、雨打或烟熏，也可用乌桕叶汁或洗米水浸泡，等完全除去木材气味后再涂上蜂蜡，用火烤过才好使用。附着蜡基的蜂桶具有蜜蜡和蜂群的气味，对蜜蜂富有吸引力，尤其是留着巢脾的旧桶最好。常见的蜂桶下口径约30cm，口边打几个手指粗的缺口作巢门，离口边往上约20cm处，纵横穿几根竹条，竹条上面铺上棕皮，棕皮上面再塞紧稻草，然后安置在平坦的石块上，桶的上口用棕皮封住，并覆盖树皮、石块。当蜂群飞来筑满巢脾后，取出稻草，剥去棕皮，让蜂群向上发展，以后再过箱。

新式蜂箱：为使诱到的野生蜂同时接受新法饲养，可采用框式蜂箱。在箱内先放好四五个上了铅线和窄条巢础的巢框。特别是采用巢础经过蜂群修造过的巢框，效果更好。不宜用全张巢础，因为会妨碍飞采的蜂群团集，隔板外的空间应该用稻草塞满，以免野生蜂进箱以后，在隔板外空隙处筑脾营巢，增加催蜂上脾的手续。新式蜂箱巢门只留宽30mm、高10mm的大小，在放置以前，先把巢框和副盖钉牢。蜂箱放在后面有自然依附物的地方，并把箱身垫高，左右和后方选好石垣，箱面加以覆盖并压上石头，以防风吹雨淋和黄獭等敌害的侵犯。

诱捕成功后，还要适时检查和安置诱入的蜂种。放箱诱蜂要定时进行检查，检查次数，视季节和路程远近而定。分蜂季节一般三天检查一次，久雨初晴，要及时检查。发现野生蜂已经进箱，等到傍晚蜜蜂全部归巢后，关闭巢门搬回。旧式蜂箱桶最好在当晚借脾过箱。

三、收捕方法

1. 树洞蜂群的收捕

有些树木是受国家保护的珍稀树种和古树，所以收捕营巢在树洞中的蜂群时，要经过周密调查和分析研究，不要随便开凿树体，以免造成对树体损伤。收捕一般树洞中的蜂群，可先用石块或木棍敲打树干，再听蜂声，确定蜂团的位置。观察树干上蜜蜂的出入口，若有多孔出入，除上、下各留1孔外，其他出入口全部用泥封死，在上孔绑1个布袋或挂1个蜂箱，使袋口或箱门紧接上孔，然后往下孔内熏烟或吹进樟脑油，驱蜂离脾，并经上孔进入布袋或蜂箱。另一种方法是用斧或凿扩大洞口，露出蜂团，割脾收蜂，采用此法时要向蜂团喷洒稀薄蜜水，使蜂安定，防止外逃。

树洞蜂或土洞蜂的收捕：挖开洞口，经过震动，大部分蜜蜂会吸蜜爬离巢脾，再用烟熏，使蜜蜂脱离巢脾在空处结团。参照不翻巢过箱的方法，割脾、镶框、收蜂。操作时要特别注意将蜂王收入。将树洞蜂收捕以后，可以利用原树洞诱捕野生蜂，因此，在凿开树洞时，将原巢穴尽量保护好，留下一部分蜡基，再用树皮、木片、黏土把它修复，留下 1 个出入孔。

2. 泥洞蜂群的收捕

先把有蜂洞穴四周的野草铲光，再检查蜜蜂有几个出入口，除留下 1 个主要的出入口外，其余的洞口全部用泥堵死。在留下的出入口用喷烟器往洞内喷烟，迫使蜂群离开巢脾在穴内集结成为蜂团，然后用铁锹将泥洞从外至内徐徐挖开，露出蜂巢，用刀把巢脾依次割下，要特别注意保护蛹脾和卵脾。当蜂群离脾结团时，用蜂扫将整个蜂团扫入收蜂器中，若蜂团过大一次不能扫入时，应先把有蜂王附着的部分扫入收蜂器，以防止蜂王逃遁。蜂王在收捕过程中起飞，可暂停片刻，待蜂王飞回蜂团后再行收捕。

3. 岩洞蜂群的收捕

筑巢于岩洞中的野生中华蜜蜂比较难收捕。如果洞口比较大，伸手进洞能摸到蜂团，可以采取上述两种方法收捕。如果洞口很小，岩壁较厚，就先寻找有几个洞口，可保留一个主要的进出口，其余的全部用泥土封闭。向巢内投入蘸有 50% 石炭酸气的脱脂棉（或者樟脑油棉团），然后立刻从保留的出入口插入一根直径 10mm 左右的玻璃管，另一端伸入蜂箱巢门。蜜蜂受到石炭酸气的驱迫，纷纷通过玻璃管进入蜂箱。等到蜂王从管中通过，洞里的蜜蜂基本上都出来后，关闭蜂箱巢门，运回处理。

4. 新分蜂群的收捕

新分蜂群通常集结于附近的小树、低矮的房檐上形成蜂团。如果此时蜂团集结近似椭球状，表明蜂王已经集结在蜂群中了。准备好收蜂笼（草帽也可），所准备的收蜂笼或草帽应使其顶部不透光、开口较大。把收蜂笼置于椭球状蜂团的正下方，开口向上。出其不意地震动树枝，或用手刮下房檐上的蜂团，使其落在下方的收蜂笼里，然后轻轻地、慢慢地倒转收蜂笼。此时，蜜蜂就会结团在收蜂笼中了。呆在原地不动，待一些时间，待大部分的蜜蜂上了收蜂笼后，就可以过箱饲养了。这种方法省时、方便、易于操作。如果新分群在小溪旁、小河旁或水塘边的小树上结团时，收捕应尽量避免蜜蜂落入水中被淹死。这时，可以把收蜂笼用铁丝或钉子固定在蜂群的上方，使其一边挨着有蜜蜂的树枝。我们可以采来几根带叶子的小树枝，轻轻地拨动蜂团，不时地用石头或小木棍震动有蜜蜂的树枝，这样，蜜蜂就会沿着收蜂笼的一边向上移动。待大部分蜜蜂入了收蜂笼形成蜂团时，就可以移入蜂箱中饲养了。这种方法较为安全，但较花时间。

5. 捕王法

如果蜂群集结在灌木丛、篱笆墙下时。由于蜂团较散、无处放置收蜂笼，此时可以先在蜂团的四周仔细地寻找蜂王。如果蜂团较大，用手拨动蜂团，见到蜂王时，轻捉其翅膀，放入王笼中，再把王笼悬挂在收蜂笼里，使收蜂笼靠近蜂群，然后用手舀一些蜜蜂抖入笼中，待其余的蜜蜂飞到收蜂笼中集结后，收捕便告成功。

对于在较高的树上、建筑物上结团的蜂群，收捕时用长竹竿捆一个有少量蜜的蜂脾，把它放在蜂团的上方并紧靠蜂团。大部分的蜜蜂上脾后，轻轻地把它放下，并检查蜂王是否已上脾。如果蜂王已上脾，就可放入蜂箱中，不要搬动蜂箱，待剩余的蜜蜂飞入蜂箱后，诱捕便告成功。

四、诱捕野生中华蜜蜂操作要点

江南森林资源丰富，各地的山林蕴藏着大量的野生中华蜜蜂，对其进行收捕，改良饲养，对发展养蜂事业有重要意义。收捕野生蜂，分诱捕和猎捕两种方法。

1. 诱捕

诱捕野生中华蜜蜂是在适于它们生活的地方放置空蜂箱，引诱分蜂群或者迁飞的中华蜜蜂自动飞入。诱捕时需要掌握以下几个环节：

（1）选择地点。引诱野生蜂群，应选择在蜜粉源比较丰富、附近有水源、朝阳的山麓或者山腰、小气候适宜、目标明显的地方放置蜂箱。

（2）掌握时机。在蜜蜂的分蜂季节诱捕成功率高。北方4～5月、南方11～12月是诱捕中华蜜蜂的适宜时期。南方亚热带地区8～9月蜜源稀少，野生蜂群有迁飞的可能，也适于收捕。

（3）准备蜂箱。新蜂箱用淘米水泡洗，去除气味，晾干，内壁涂上蜂蜡。箱内放3～5个上了铅丝和窄条巢础的巢框，两侧加隔板，并用干草填满箱内空隙，巢门宽8mm，可用石块将蜂箱垫离地面。附有蜡基的旧蜂桶具有蜜蜡气味，适宜用来引诱野生蜂群。

（4）经常检查。在分蜂季节，每3天检查1次。久雨初晴，及时察看。发现野生蜂已经进住，待傍晚蜜蜂归巢后，关上巢门，搬回饲养。采用旧蜂桶的，应尽早过箱饲养。

2. 猎捕中华蜜蜂

捕捉是根据中华蜜蜂野生蜂的营巢习性和规律，追踪回巢蜂，找到野生蜂的蜂巢，再进行收捕。猎捕野生蜂，在北方以夏季比较适宜；在长江以南，中华蜜蜂一年四季都可以活动，以在4～5月和10～11月气候温暖、蜜源丰富、蜂群强壮的时期进行较好。

（1）追踪采蜜蜂。在晴天上午9～11时，进山注意搜寻采蜜蜂，观察它们回巢时的飞行活动和方向。采集蜂从花上起飞时，往往盘旋飞翔，然后朝蜂巢方向飞去。如果回巢蜂起飞时打1个圈，飞行高度在5m以下，就表明蜂巢距离比较远，追踪困难。发现蜜蜂正在花上采集时，可用手托一盛蜜的小碟，等有飞来的蜜蜂采蜜返回时，跟踪它的飞行方向步步前进，最后可以找到蜂巢。在有蜜蜂活动的山区，往离地面2m高的树叶上涂上蜂蜜，同时燃烧一些旧巢脾，使之散发出蜜蜡味，可以起到招引蜜蜂的作用。如果招引来了蜜蜂，注意观察回巢蜂的飞行和方向；另在相距 10m 左右的地方，用同样方法观察返巢蜂的飞行路线。向两条飞行线交叉的方向追踪，有可能找到蜂巢。另一种方法是，用一根几十厘米长的红线，一端系上 1 个小纸条，另一端系在捕捉到的采集蜂的腰上，然后放飞，系着纸条的蜜蜂飞行缓慢便于追踪。

（2）追踪采水蜂。蜜蜂常在蜂巢附近有水源的地方采水，因此细心观察溪边、田边或者有积水的洼地，如果发现采水蜂，就表明蜂巢距此最远不超过 1km。

（3）寻找蜜蜂粪便。蜜蜂在集团飞翔（认巢飞翔）或者爽身飞翔时，常将粪便排在蜂巢附近。如果发现树叶、杂草有黄色的蜜蜂粪便，就表明附近有蜂巢。

（4）搜索树洞。蜜蜂常在有空洞的树干内营巢，可以请药农和猎人等经常进山的人提供线索，沿着林边认真搜索有洞的大树，很可能发现蜂巢。

（5）猎捕方法。发现野生蜂的蜂巢以后，准备好各种工具，如开挖洞穴的刀、斧、凿、锄以及收蜂用的喷烟器（或者艾草）、收蜂笼（箱）、面网、桶等。

第二节　蜂箱的放置

一、养蜂场地选择

中华蜜蜂适合定地饲养，也可结合小转地。养蜂场地基本是固定的，因此选择场址是十分重要的问题。

（1）蜜粉源丰富。在蜂场周围 2～3km 范围内，要求蜜粉源植物面积大、数量多、长势好、粉蜜兼备，1 年中要有 2 个以上的主要蜜源和较丰富的辅助蜜粉源。

（2）环境良好。蜂场应选在地势高燥、背风向阳、前面有开阔地、环境幽静、人畜干扰少、交通相对方便、具洁净水源的地方。凡是存在有毒蜜源植物或农药危害严重的地方，都不宜作为放蜂场地。

（3）远离其他蜂场。中华蜜蜂和意蜂一般不宜同场饲养，尤其是缺蜜季节，西方蜜蜂容易侵入中华蜜蜂群内盗蜜，致使中华蜜蜂缺蜜，严重时引起中华蜜蜂逃群。此外，应避免选择在其他蜂场蜜蜂过境地（其他蜂场蜜蜂飞经的地方），以免出现盗蜂。

二、蜂群的排列

中华蜜蜂的认巢能力差，但嗅觉灵敏，当采用紧挨、横列的方式布置蜂群时，工蜂常误入邻巢，并引起格斗。因此，中华蜜蜂蜂箱，应依据地形、地物尽可能分散排列；各群的巢门方向，应尽可能错开。

蜂箱排列时，应采用箱架或竹桩将蜂箱支离地面30～40cm，以防蚂蚁、白蚁及蟾蜍为害。

（1）单箱排列适用于蜂箱少，场地宽的蜂场，每个蜂箱间距1～2m，各排之间2～3m，前后排蜂箱交错放置。

（2）一条龙排列要求间距保持在2m以上，这种排列主要用于场地受限时繁殖期或停卵期的平箱群，也常见于转地蜂场，即蜂群一箱紧靠一箱，巢门朝一个方向，排成长长一列或两列，缺点是蜂群易偏集。

（3）环形排列要求间距保持在2m以上，这种排列多用于转地途中临时放蜂，其特点是既能使蜂群相对集中，又能防止偏集。它是将蜂箱紧靠在一起摆成圆形或方形一个圈，巢门朝内。

三、平地山区小转地养殖模式

南方多山，"人间四月芳菲尽，山寺桃花始盛开。长恨春归无觅处，不知转入此中来"。海拔越高，温度越低。受气温垂直差异的影响，在山地地区，气温是随着地势高度的上升而相应递减的。一般说，高度每升高100m，气温就下降0.6℃。当山地垂直起伏到千米时，气温的垂直差异就更为明显。加上植物对气温的适应能力不同，这样，处于不同高度地段的植物景观必然会出现差异。海拔高度到1 400m时，山顶气温比山麓平川地区要低8～9℃；长江以南的高山区，比山下平原高出1 100余米，气温较山下一带低6～7℃，地处海陆之间，水气郁结，云雾弥漫，日照不足，更使山上的气温降低。在山地地区，植物在垂直分布上的差异性是与山地气候要素——气温和降水的垂直变异分不开的，所以山地地区的气候就表现出了"一山有四季，十里不同天"的特色。中华蜜蜂养殖模式，由此可以因地制宜，结合平原、高山小转地，实行两点定地饲养。

第三节　中华蜜蜂的检查

为及时了解蜂群内部状态，对养蜂生产进行日常规划，必须经常进行蜂群检查。开箱检查会干扰蜂群的正常活动，在蜂群管理过程中应根据具体的季节和需求，有计划、有目的地进行全部检查、局部检查和箱外观察，操作前应明确蜂群检查的目的，以尽量缩短检查时间，提高工作效率。

一、全面检查

全面检查一般在早春繁殖期、蜂群的分蜂期、蜜源花期始末以及秋季换王和越冬前进行。对于蜂群中发现的问题，能够顺手处理的要立即处理；不能马上处理的，应做好记号，等全场蜂群全部检查完毕之后再统一处理。蜂群的检查记录分记录分表和总表。全面检查后应及时填入表中以作为下次检查蜂群和制订蜂群管理计划的依据。

蜂群检查记录分表

蜂群号：蜂王产卵日期：

检查日期	蜂王状况	放框数	子脾框数	空脾	巢础框	存蜜(kg)	群势		发现问题及工作事项	备注
							蜂	子		

蜂群检查记录总表

场址：　年　月　日

蜂群号	蜂王情况	放框数	子脾框数	空脾	巢础框	存蜜(kg)	群势		发现问题及工作事项	备注
							蜂	子		

二、局部检查

局部检查，就是抽查巢内某一张或几张巢脾，根据蜜蜂的生物特性的规律和养蜂经验，判断和推测蜂群中的某些情况。局部检查的主要内容和判断的情况依据如下：

（1）群内贮蜜情况只需查看边脾上有无存蜜，或查看隔板内侧第二或第三个脾上边角有无封盖蜜即可。

（2）蜂王情况在蜂巢的中间提脾查看。若不见蜂王，但脾上有新产下的卵或小幼虫，而无改造王台，说明蜂王健在；子脾整齐，空房少，说明蜂王产卵良好；若不见蜂王，又无各日龄蜂子，或脾上出现改造王台，看到有的工蜂在巢脾上或巢框顶上惊慌扇翅，这就意味着失王；若发现脾上的卵分布极不整齐，一个巢房有几粒卵且东倒西歪，卵黏附在巢房壁上，说明失王很久，工蜂开始产卵；如果蜂王和一房多卵现象并存，说明蜂王需要淘汰。

（3）加脾或抽脾通常抽查隔板内侧第二个巢脾就可以作出判

断。如果该巢脾上的蜜蜂满出框外，蜂王的产卵圈已扩大到巢脾的边缘巢房，并且边脾是贮蜜脾，就须及早加脾。如果脾上蜜蜂稀疏，巢房中无卵、封盖子，就应将此脾抽出，进行适当地紧缩蜂巢。

（4）蜂子发育情况从蜂巢的偏中部位，提1～2个巢脾进行检查。如果巢房内幼虫显得湿润、丰满、鲜亮，小幼虫底部白色浆状物明显，封盖子脾非常整齐，即发育好；若幼虫干瘪，甚至变色、变形或出现异臭，整个子脾上的卵、虫、封盖子混杂，封盖巢房塌陷或穿孔，说明蜂子发育不良或患有幼虫病；若脾面上或蜜蜂体上可见大小蜂螨，则螨害严重。

三、箱外观察

箱外观察主要是根据蜜蜂在巢外的活动、巢门前的蜂尸以及蜂箱散发出来的气味等状况进行判断。

1. 根据蜜蜂的活动状况进行判断

（1）蜜源泌蜜情况。全场蜂群进出巢繁忙，巢门拥挤，归巢的工蜂腹部饱满沉重，夜晚扇风声大作，说明外界蜜源泌蜜丰富，蜂群采酿蜂蜜积极；蜜蜂出勤少，巢门守卫蜂警备森严，常有几只蜜蜂在蜂箱周围或巢门附近窥探，伺机入箱，这说明外界蜜源稀缺，已出现盗蜂活动。

（2）蜂王状况。在外界有蜜粉源的晴暖天气，如果工蜂采集积极，归巢携带大量花粉，说明蜂王健在，且产卵力强。如果蜂群出巢怠慢，无花粉带回，有的工蜂在巢门前乱爬或振翅，则可能失王。

（3）自然分蜂征兆。分蜂季节，大部分蜂群采集出勤积极，而个别强群很少有蜂进出巢，却有很多工蜂拥挤在巢门前形成

"蜂胡子"，此现象为分蜂前兆。

（4）群势强弱。流蜜期蜜蜂出入繁忙是强群表现；若进出稀疏，声音轻微则是弱群。

（5）发生盗蜂。在非流蜜期，弱群巢前的工蜂活动突然活跃，进巢工蜂腹小，出巢工蜂腹大，有的巢前有工蜂抱团厮杀，说明已发生盗蜂。

（6）农药中毒。工蜂在蜂场激怒乱飞，常追蜇人、畜，并发现携带花粉的工蜂在地上翻滚抽搐，此为采集到喷洒了农药的蜜源作物所致。

（7）蜂群缺盐。常见蜜蜂在厕所小便池采集，说明缺盐，如果人在蜂场，蜜蜂喜欢在人的头发或皮肤上啃咬，说明严重缺盐。

（8）巢虫。不断出现体格弱小，翅膀残缺的幼蜂爬出巢门，不能起飞，满地乱爬，表明巢虫害严重。最明显的特征，出现白头蛹现象。

2. 根据巢前死蜂和死虫蛹的状况进行判断

（1）蜂群巢内缺蜜。巢前出现大量腹小、伸喙的死蜂，若用手托蜂箱后感到很轻，说明巢内严重缺蜜。

（2）农药中毒。巢门前出现大量的双翅展开、勾腹伸喙的青壮年死蜂，有的死蜂还携带花粉团，说明是农药中毒。

（3）大胡蜂侵害。夏秋季节，蜂箱前突然出现大量缺头、短足、尸体不全的死蜂，且死蜂多是青壮年蜂，表明该群曾遭大胡蜂袭击。

3. 根据蜂群内散发的气味进行判断

蜜蜂出勤不多，巢边闻到臭气，是患幼虫病的表现。巢边闻到酸臭味，可能是茶花中毒或欧洲幼虫腐臭病。

在饲养管理中，一般都是先通过箱外观察，进行初步判断，发现个别不正常的蜂群，再针对具体问题进行局部检查或全面检查。为便于箱外观察，应在每天傍晚或清晨都观察和清扫巢前。

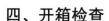

四、开箱检查

对蜂群既不可长期不管，也不能盲目开箱检查，每开箱一次，要有明确的目的，主要依据上次检查时发现的问题确定是否开箱检查。简单易行的办法是把观察到的情况用粉笔记录在蜂箱上，检查时间、王台状况、预计新王出房的时间、产卵时间等都是记录的项目。

值得注意的是，开箱检查最好选择气温较高的时候，低温寒冷季节尽量少开箱检查。

第四节　中华蜜蜂蜂脾修造

一、加框造脾的条件

加框造脾的外部条件是有大量的蜜粉源植物开花，气候良好；内部条件是蜂多于脾尚未产生分蜂热，并且有大量 8~18 日龄的青壮工蜂，巢脾上的幼虫已封盖或接近封盖，边脾的两下角已被蜜蜂补齐，框梁的上方出现赘脾、无病害等。具备适宜的内外条件就要及时加框造脾。

二、加框造脾的方法

● 做好巢础框，把巢础放在巢框里的铁丝下面，紧贴巢框上梁，用加热的埋线器放在铁丝上面，往下轻压并慢慢拉动，把巢枢的铁线埋到巢础里。埋好线后，用熔化的蜂蜡把巢础的上边跟巢枢的上梁黏紧。巢础框做好后应平整、牢固。

● 傍晚时把上好巢础的巢础框加进蜂群里，一般一次加一框，放在蜜粉脾和子脾之间，刚加入时一般不留框间蜂路（与相邻的两个巢框紧贴），第二天可视蜜蜂造脾情况，适当加大蜂路，等蜜蜂把新加的巢脾基本上造好后，才恢复正常蜂路。

● 在加脾的当天晚上，可适当喂点糖水，以刺激蜜蜂的造脾积极性，加快造脾速度。如果蜜蜂造脾较差，第二天、第三天晚上还要继续奖励饲喂。如内外条件比较好，新加的巢础经过一个晚上往往可以造好60％以上，甚至全部造好，如能在2～3个晚上造好，也算正常。

第五节　中华蜜蜂的饲喂

蜂群饲喂是维持和发展蜂群所采取的一种重要措施。

一、喂蜜或糖

1. 补助饲喂

在蜜源缺乏季节，对储蜜不足的蜂群大量饲喂高浓度的蜂蜜或糖浆，以维持蜂群的正常生活。优质成熟的蜂蜜3～4份或优质白糖2份，兑水1份，充分溶解，搅拌均匀，于傍晚喂给蜜蜂。饲喂量以蜂群一次能接受量为宜。

2. 奖励饲喂

为了刺激蜂王产卵、工蜂泌浆育虫等生产上的需要，或是为了诱入蜂王、合并蜂王等之前稳定蜂群的性情，不管蜂群巢内储蜜是否充足，都饲喂蜂群一定量的糖饲料。饲喂浓度与每次饲喂量，主要根据巢内的储蜜情况而定，巢内储蜜充足，饲糖浓度可稀些，一般是成熟蜜1份或优质白糖1份，兑水1份，搅拌溶解。奖励饲喂应每天晚上连续进行，不可无故中断。奖励时间在春季，应于主要流蜜期到来之前45天或外界出现粉源的前1周开始。

二、喂花粉

1. 补充花粉脾

将贮备的花粉脾直接加到蜂群中靠近子脾的外侧，或者将花粉混以适量的蜂蜜搅拌均匀，制成松散的细粉粒，然后将其撒入空巢房，并在上面喷少许蜜水，就可加入到蜂巢内。

2. 粉饼饲喂

将花粉加适量蜂蜜或糖浆（糖与水 2∶1），充分搅拌，做成饼状或条状，然后放置于框梁上让蜂取食。不提倡用意蜂花粉饲喂中华蜜蜂，容易带来意蜂能抵抗而中华蜜蜂不能抵抗的病害。

三、喂水和盐

1. 箱内喂水

当饲喂器内糖浆被蜂吃完后可以加入干净的水让蜂取食，它能增加巢内湿度，降低温度。

2. 箱外喂水

在巢门前放一装满水的广口瓶，内放一棉条，一头浸入水中，一头在外引入巢门口。也可以在蜂场适当位置设置自动饲水器，供蜜蜂自行采水。

喂水的同时，可根据需要添加一些盐，浓度为 0.05% 左右。

第六节 中华蜜蜂的防盗

一、盗蜂与危害

搜寻和采集蜜、粉是蜜蜂的本能。所谓盗蜂是指那些窜入其他群盗取其他蜂群贮蜜的蜜蜂。中华蜜蜂盗蜜现象常有发生，主要有以下几点原因：

（1）蜂箱间距不够。

（2）蜂群强度不匀。

（3）蜂箱内缺蜜，未进行人工饲喂。

在蜜蜂活动季节，蜜源缺乏时期，时常有蜜蜂侵入他群抢夺贮蜜。少数盗蜂盗取成功后，通知同群的蜜蜂共同前往盗取，被盗群起初必然反抗互相刺咬，但被盗群多为弱群，卫巢能力弱，贮蜜会被盗净。盗蜂一旦得手，往往扩大盗取其他蜂群，全场蜂群混战，不可收拾。被盗群门前死蜂一片，而且盗蜂还是传染病的传播者。

二、防治盗蜂的方法

1. 盗蜂的预防

（1）选择蜜源丰富的场地放蜂。

（2）调整合并蜂群，均衡群势。

（3）加强蜂群的守卫能力。在易发生盗蜂的季节，应适当缩小巢门，紧脾，填补箱缝，使盗蜂不易进入，即使进入也不易上脾。为阻止盗蜂从巢门进入，可在巢门上安装巢门防盗装置，即在巢门制造曲折进口，以此加强蜂群防卫能力。

（4）避免盗群采集冲动。留足饲料，避免阳光直射巢门，非繁忙期不宜奖励蜂群。蜂场周围不可暴露糖、蜜、蜡脾，尤其是饲喂蜂群时，糖浆不可滴在箱外。

（5）避免吸引盗蜂，蜂箱应严密，盗蜂季节不宜开箱，如果要开箱，尽量在清晨或傍晚时进行，不能用气味较浓的饲料喂蜂或用芳香药物治螨。

（6）中蜂、意蜂不宜同场饲养。

2. 盗蜂的制止

（1）少量盗蜂发生时。一旦出现少量盗蜂应立即缩小被盗群和作盗群的巢门。用乱草虚掩被盗群巢门或在巢门上涂一些苯酚、煤油等驱避剂。

（2）盗蜂严重时。单盗若发生在初期，可用前一种方法。如果盗蜂比较严重，可将作盗群的蜂王临时提出，到晚上再把蜂王放回原群，造成作盗群不安，消除其采集的积极性，继而失去盗性。

（3）一群盗多群。将作盗群移位，原位放一空箱，箱内放少许驱避剂，使归巢的盗蜂感到巢内环境突然恶化而失去盗性。

（4）多群盗一群。被盗群暂时移位，原位放置加上继箱的空

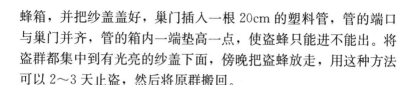

蜂箱，并把纱盖盖好，巢门插入一根 20cm 的塑料管，管的端口与巢门并齐，管的箱内一端垫高一点，使盗蜂只能进不能出。将盗群都集中到有光亮的纱盖下面，傍晚把盗蜂放走，用这种方法可以 2～3 天止盗，然后将原群搬回。

（5）多群互盗。可采取蜂场转地迁场的方法，就是将全场的蜂群迁到 5km 以外的地方。

（6）暗盗处理。被盗群巢门前很安静，不易发现。暗盗常发生在繁殖前期，制止方法有两种：一是把盗蜂压死几只在巢门前，提高被盗群的警觉性；二是在蜂群出巢前，将蜂场一半蜂群巢门关闭，在另一半蜜蜂出巢后，在关闭巢门的巢门前捕杀盗蜂，8～9 点后把巢门打开，次日，用同样方法关闭另一半巢门，捕杀盗蜂。

第七节　其他管理技术

一、处理工蜂产卵群

一旦发现工蜂产卵，应及早诱入成熟王台或对产卵蜂王加以控制；另一种办法是在上午把原群移开，让失王群的工蜂自行飞回投靠，等到晚上再将工蜂产卵群的所有巢脾提出，把蜂抖落在原箱内饿一夜。次日再让它们自动飞回原址投靠，然后加脾调整。工蜂产卵群在新王产卵或产卵王诱入后，产卵工蜂会自然消失，但对不正常的子脾必须进行处理。已封盖的应用刀切除，幼虫可用分蜜机摇离子脾，卵可用糖浆灌泡后让蜂群自行清理。

二、合并弱群、无王群

合并蜂群应把弱群并入强群、无王群并入有王群。如果两群均有王，应在合并前把一只较差的蜂王捉掉，并将王台破坏光后再进行合并；设法消除或减弱"群味"，以避免两群蜜蜂互相斗杀。合并应在傍晚进行，以防盗蜂侵扰。合并的两蜂群最好是相邻的，以防蜜蜂偏集；如果合并的两群蜂较远，事先将两群蜂逐渐移近后再合并为好；对于失王已久，巢内老蜂多、子脾少的蜂群，要先补给1～2框未封盖子脾，然后再合并。为了保证蜂王安全，在合并时可将蜂王扣在巢脾上，待合并成功后再将其放出。合并蜂群有两种方法。

（1）直接合并。这种方法一般在早春繁殖和大流蜜期进行。此时，蜜蜂对群味的敏感性较差，合并蜂群不会发生斗杀。具体方法：把有王群的蜜蜂靠往蜂箱内一边，再把无王群的巢脾靠住另一边，两群中间保持一张巢脾的距离，或在两蜂群之间放一个小隔板，然后盖好蜂箱。这样经过1～2夜，气味互通，就可以去掉小隔板，把两蜂群靠在一起。

（2）间接合并。用于非流蜜期、失王已久和老蜂多而子脾少的蜂群。具体方法：将有王群放入一巢箱，另一无王群放入继箱，两箱间放一铁纱或钻有很多小孔的报纸，经过1～2夜，气味混合，蜜蜂咬破报纸后，合并就算成功。还可以在原群蜂巢边脾或下部，滴加一些白酒或蜂蜜，再将另一无王蜂群靠拢，盖好箱盖，缩小巢门，一般合并都能成功。

三、中华蜜蜂的人工分蜂管理

人工分蜂又称人工分群，它是增加蜂群数量，扩大生产的基本方法。人工分蜂利用蜂群具有自然分蜂冲动这一特点，根据外界蜜源气候条件和蜂群内部的具体情况，有计划地、人为地将一群蜜蜂分成两群以至数群。它用培育的产卵蜂王、成熟王台或者储备蜂王以及一部分带蜂子脾和蜜脾组成新蜂群。

人工分蜂要与良种繁育相结合，使用人工培育的产卵蜂王、贮备蜂王和成熟王台，既可保证蜂群质量，又可加速分蜂的发展。人工分蜂能按计划，在最适宜的时期繁殖新蜂群。个别蜂群发生分蜂热时，可以及时采取人工分蜂的方法把蜂群分开，能够制止蜂群发生自然分蜂，避免收捕的麻烦和分蜂群飞逃的损失。

分时要考虑蜂场的设备条件、当时当地的蜜源情况，有计划地进行人工分蜂，否则必然造成全场蜂群都成为弱群，没有生产能力。以下介绍几种人工分蜂的方法，供参考借鉴。

1. 人工分蜂的方法

（1）均等分蜂。距离当地主要蜜源植物流蜜期在 45 天以上，可以采用这种方法，把一群蜂平均分为两群，两群都能在大流蜜期到来时发展强壮。将 1 箱强群分成 2 箱，子脾、蜜脾和蜜蜂平均分配，1 箱有原来的蜂王，另一箱诱入 1 只新产卵蜂王。以原位置作标准，两箱距原位置距离都是 30cm。这时采集蜂回巢时，不见原来位置的蜂箱，不得已向左右两侧箱内飞入。如发现一箱的蜜蜂较少，就把这箱向原位置移近些，或把蜂多的那箱移远一点，以后蜜蜂数自然就平均了。

（2）不均等分蜂。不均等分蜂是从一群蜜蜂中分出一部分蜜蜂和子脾，分成一强一弱两群。此法适合对发生分蜂热的蜂群采用。可从发生分蜂热的蜂群提出 2～3 框封盖子脾和 1 框蜜粉脾，连同老蜂王，放入一新蜂箱中，放置在离原群较远的地方。巢门用青草松松堵上，让蜜蜂慢慢咬开。检查原群，选留 1 个质量好的王台，其余王台全部割除，或者诱入人工培育的王台或产卵王。如果离大流蜜期时间较长，可用封盖子脾把分出群逐步补强；否则，以后可将分群与原群合并。

（3）混合分蜂。是从几个蜂群中各提出一两框带幼蜂的封盖子脾，根据情况混合组成 3～6 框的分蜂群。次日给分蜂群诱入产卵蜂王或者成熟王台。亦可在春末夏初，当蜂群发展到 10 框蜂、6～8 框子脾时，每隔 6～7d 从这样的蜂群提出 1 框带蜂封盖子脾，混合组成新分群。距大流蜜期 15d 左右，停止从 10 框群提出子脾，以便它们在大流蜜期开始时，能发展到 15～18 框蜂的强群。

（4）幽闭法。原箱不动，从里面提出一半带蜂的子脾和蜜脾，放于一新箱内，同时诱入 1 只产卵蜂王，在箱上盖上铁纱副盖,关上巢门,然后搬到暗室内幽闭后,再移到新位置,打开巢门,注意巢内空气流通。3~4h后蜜蜂将草咬开,之后便很少飞返原巢。

(5)远移法。按第四种方法,把新分的蜂群立刻搬到5km外的新地址,1周后,再移回场内,打开巢门。3h后,撤去纱盖,换上副盖,盖好大盖,缩小巢门。

(6)补强交尾群。交尾群的新蜂王产卵以后,可以每隔1星期用从强群提出的封盖子脾补1框,起初补带幼蜂的、以后补不带蜂的封盖子脾,逐步把它补成有6框蜂以上能独立迅速发展的蜂群。

2. 分蜂群的管理

新分群的群势一般都比较弱,它们调节巢温,哺育蜂子,采集蜜粉和保卫蜂巢的能力比较差。因此,天冷时要注意保温,天热时要遮阴,缺乏蜜源时,巢内要保持充足的饲料,并且缩小巢门,注意防止盗蜂。根据蜂群的发展和蜜源条件,添加巢脾或巢础框扩大蜂巢,补加蜜粉脾或者进行奖励饲喂。

实行大量人工分蜂,最好在距离原场3km以外的地方建立分场,可以避免分出群的蜜蜂飞返原巢和发生盗蜂。

(1)分场繁殖法。例如要由总场内划出12群蜂作繁殖群,可每次都由这12群中提出带蜂子脾10框,每框都附有特选的封盖王台1个,放在1个10框运输箱中,再由这12群中提出带蜂子脾10框,放在另一个10框运输箱中,把这两箱运到3km外的分场。在分场准备10个蜂箱,从两个运输箱中各提1框带蜂子脾,1框附有王台,1框没有,放在一蜂箱内,成一小群,一共分成10小群。

(2)仿天然分蜂法。蜂群发展强壮,其中造有王台时,可将原群移开1.0~1.5m。在原位置上放一新箱,由原群提来子脾1框,将带蜜蜂、蜂王(注意不要有王台)和带蜂的蜜脾1框放入。同时在新箱内补加空脾3~4张,再由原群提出不带王台的蜜蜂 3 框，将蜂扫落于新箱门前，仍把巢脾送回原群内。放在新址的原群不需幽闭，有一部分采集蜂将飞到原址的新箱内。原群选留一个优良的封盖王台，其余的王台完全割除，并加以奖励饲养。

总之，人工分蜂的目的是在经过人工分蜂后，到了主要蜜流期，不但原群仍能发展成为强大的生产群，分出群也能够变成强大的生产群，从而达到增加蜂群数量、扩大生产能力、提高蜂产品产量的目的。

四、蜂王与王台的诱入

蜂王或王台的诱入，是蜂群在无王或由于蜂王衰老、病残需要淘汰的情况下，将他群的蜂王或王台放入蜂群中的一种补充蜂王的方法，又称介绍蜂王或介绍王台，简称介王或介台。

蜂王诱入的方法，基本上有直接诱王、混同气味和转移工蜂注意力诱王、间接诱王等。

1. 蜂王的直接诱入

在外界蜜粉源条件较好，需诱王的蜂群群势较弱或者幼蜂多老蜂少，将要诱入的蜂王是稳健的产卵王等条件下，蜂群比较容易接受诱入的蜂王。这时蜂王的诱入可采用直接诱入的方法，有如下几种操作方法：

（1）夜晚从巢门放入，如果是淘汰旧王更换新王，白天应去除旧蜂王，夜晚从交尾群中带脾提出已开始产卵的新蜂王。把此脾的上梁紧靠在无王群的起落板上，使脾和起落板处于同一平面，用手指稍微驱赶蜂王。当蜂王爬到蜂箱的起落板上时，立即把巢脾拿开，蜂王会自动爬进蜂箱上脾。

（2）白天从巢门诱入将副盖或隔板等平板一端搭靠在巢门踏板上，然后从无王群中提出 2～3 框带蜂巢脾，随手将脾上的蜜蜂抖落在巢前的平板上。不到 1min，蜜蜂会一起沿着平板向巢口爬去，此时把要诱入的蜂王放到向巢口爬动的蜜蜂中间，使蜂王跟随蜜蜂一起进入蜂箱。

（3）带脾诱入。在去除诱王蜂群的蜂王和王台之后，于当天傍晚把即将诱入的蜂王带脾一起提出，放在需诱王蜂群隔板外侧，并与隔板保持一定的距离，此脾与隔板的距离一般为6～10cm。外界蜜粉源条件比较好，还可以再靠近隔板一些。过1～2天后，再把此脾连同蜂王和工蜂调整到隔板内侧，与蜂群合并。

2. 混同气味和转移工蜂注意力诱王

外界有一定的蜜粉源，但不是非常理想时，在直接诱王的基础上采取辅助手段来诱王。

（1）喷蜜水或喷烟诱王。傍晚先向无王群喷蜜水或喷烟，然后把蜂王直接放入无王群，蜂王体上也适当喷一点蜜水。

（2）滴蜜圈诱王。傍晚从无王群中提出一个边脾，在无蜂或少蜂的地方，用蜂蜜绕滴一个直径约15cm的蜜圈，使蜂王和工蜂各自在蜜圈内外安静地吸蜜，把巢脾放回蜂箱，盖好箱盖。

（3）混同气味诱王。在诱王前1～2h，把辛辣较浓的葱蒜等切碎，同时放入无王群和被诱王所在的蜂群，使蜂王和无王群的气味混同，基本一致后，再将蜂王提出，按直接诱王方法进行诱王。

3. 蜂王的间接诱入

（1）诱入器诱王。把蜂王放入诱入器中，然后扣在无王群的巢脾上，或夹在两个巢脾之间。扣脾诱入应将蜂王扣在产卵虫脾上，在贮蜜的部位，同时关入7～8只幼蜂。1～2天后，开箱检查，如果诱入器上的蜜蜂已散开，或工蜂已开始饲喂蜂王，就可以把蜂王从诱入器放出到蜂群中，诱入邮寄蜂王，可将笼内伴随工蜂去除后，将邮寄王笼直接放在蜂路之间，把邮寄王笼铁纱一面对着蜂路，然后按上述方法处理。

（2）组织幼蜂群诱王。用正在出房的封盖子脾带蜂组成新分群，新分群的巢远离原群巢位，使新分群的外勤工蜂飞返原巢。

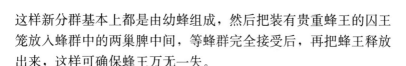

这样新分群基本上都是由幼蜂组成，然后把装有贵重蜂王的囚王笼放入蜂群中的两巢脾中间，等蜂群完全接受后，再把蜂王释放出来，这样可确保蜂王万无一失。

4. 双王群的诱入

（1）带蜂诱入。先把双王群无王一区的巢脾全部提出，使其空出，另外把同龄蜂王 7～8 个脾的蜂群，抖去 3～4 个脾，使蜂多于脾，然后把留下的 4 个脾连蜂带脾一起轻轻提到双王群空出的一区中，再加上隔王栅和继箱，盖回箱盖。此法在流蜜期用极易成功。

（2）隔绝诱入。诱王前一天把无王区上面和中间用油毡与其他区域完全隔绝，使其呈无王状态。再于夜晚诱入一同龄蜂王，蜂王接受后，再逐渐去除隔绝的油毡。

（3）双王同时诱入。双王群失去一只蜂王以后，把剩下的另一只蜂王也提出，使双王群变成无王群，夜晚同时诱入两只同龄的蜂王。

第四章　中华蜜蜂四季饲养管理

第一节　中华蜜蜂春季饲养管理

春季气候转暖，蜜源植物逐渐开花流蜜，是蜂群繁殖的主要季节，它直接关系到养殖户蜂群的发展与质量，因此这段时间中的饲养管理就显得十分重要。

从蜂群越冬后蜂王恢复产卵，一直到主要蜜粉源植物油菜花等开花泌蜜前夕（立夏）的繁殖阶段，这3个月的饲养管理，叫做春季管理。春季管理的主要任务是：采取积极措施使新蜂顺利接替越冬老蜂，为全年第一个主要蜜源植物油菜花等培育众多上好的适龄采集蜂。蜂群到"立夏"，单王群达到8～10脾蜂，完成顺利分群，力争全年第一个蜜源蜂产品高产及高效授粉。

一、早春蜂群特点

我国各地气候、蜜源不同，蜂群本身有强弱，蜂王有优劣，早春蜂群恢复活动和蜂王产卵时间也有先后。早春繁殖时间可以根据经验灵活改变。

蜂王在蜂巢中温度达到34～35℃产卵。随着蜂王开始产卵，工蜂需要吃更多的花粉，分泌蜂王浆饲喂幼虫。由于早春气温较低，蜂群较弱、蜜蜂结团并消耗更多蜂蜜以保持巢内温度。天气

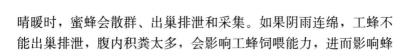

晴暖时，蜜蜂会散群、出巢排泄和采集。如果阴雨连绵，工蜂不能出巢排泄，腹内积粪太多，会影响工蜂饲喂能力，进而影响蜂群的繁殖。

1. 及时检查蜂群，同时做好保温工作

每年春天时，随着天气的回暖，中华蜜蜂也迎来了繁殖的高峰期。需要对蜂群进行全面及时的检查，为失去蜂王或者是蜂王过老的蜂群及时更换新的蜂王。另外还要把蜂箱中多余的巢脾去掉，这样利于蜂群的保温，如果遇气温下降，最好能用稻草或者隔板等物体为蜂群人工保温。

2. 奖励喂养，及时增加蜂脾

在进入初春一段时间之后，蜂王产卵量增加，中华蜜蜂幼虫的数量也会随之增加。这时受外界天气的影响，蜜源较少，工蜂采集的蜂蜜不能满足蜂王和中华蜜蜂幼虫的需要，这时就需要对中华蜜蜂进行奖励喂养，最好的食物是糖水。另外为了让蜂群快速繁殖养殖户，及时为中华蜜蜂幼虫增加新的巢脾。

3. 及时更换蜂王，并防止分蜂热出现

春季是中华蜜蜂蜂群壮大最快的时候，这时应该用育好的新王替换蜂群中的旧王，而且对蜂群中较强与较弱的部分要及时进行分蜂处理，否则就会容易出现分蜂热，从而影响蜂群的正常发展。另外换王与分蜂都应该在大流蜜期之前来进行，而且提前的时间应该是 30 天以上，这样才利于蜂群的安定和工作。

二、病虫防治与消毒

1. 预防常见病

早春蜂群易发生蜜蜂孢子虫病、麻痹病等。因此应做好蜂巢保温，促进蜜蜂飞翔排泄；饲喂优质蜜粉，以增强蜂群的抗病能力。可在饲喂时加入少量姜、蒜汁液等以预防疾病，少用抗菌素。

2. 消毒

主要是指蜂箱和蜂巢消毒。消毒时要将箱体内一切杂物清理干净，蜂箱用酒精（75%）、新洁尔灭等进行消毒。用喷壶进行喷洒消毒。选择越冬期前撤下的有蜜、有粉、生产过3～4次子的老脾，放入箱圈内进行熏蒸，以清虫杀毒。熏蒸时，在最下面放一个空箱圈，上面放好巢脾的箱圈，然后再套上塑料袋密封。将硫黄粉放入碗中点燃，放入最下层的空箱圈中，密封。在熏蒸一天一夜后即可取出，留待需要时加入蜂群。或者用甲醛和高锰酸钾按照熏箱体积每立方米配甲醛 250ml、高锰酸钾（pp 粉）10g 倒入蜂箱底层，然后密封袋口熏蒸 45min 即可，最佳熏蒸时间为 9～12h。

三、蜂王选育

养蜂不仅要求好的气候、环境、蜜源条件，更主要的是还要有优良蜂王，蜂王素质的优劣、年龄大小，对蜂群的盛衰起着决定性的作用，也可以说蜂王品质好坏是养蜂成败的关键。每一个蜂场只有养一个品种蜂王，专一繁育、精心选择才能获得性能优良的高产品种。

1. 培育优质王台

育王换种应选择蜜、粉源充足，气温适宜的季节进行。选育优质王台群，应以产浆台基口直筒式、台基直径 7～9mm、王浆色特白、浓度高的蜂群育王台。

2. 选育种用雄蜂

想要得到优质高产的遗传性能，必须有优质的父系配合，应选育优质雄蜂。在育王换种前 30 天，就应在场内选择产浆最高、采集力强、无病史的强群作为父群，采用专门雄蜂脾培育优质高产健壮的雄蜂，同时，严格除去其他非种用雄蜂。周围蜂场都应重视选育优质雄蜂，除去非种用雄蜂，用这样的方法换种效果最好，全场群产就能一次性提高。

四、产卵

多产卵首先要有好的蜂王，蜂王虽然被称为"王"，但它实际上并不领导蜂群，它在蜂群中的作用就是繁衍后代，蜂群中大部分的蜜蜂都是它的后代。中华蜜蜂产卵控制能力较强，在春季繁殖高峰时，一只蜂王每天会产卵约 1 000 多个，总的重量甚至超过了它的体重。工蜂会时刻围绕在蜂王的周围，像"侍者"一样照应它的需求，比如提供食物、清理垃圾等。

提高蜂王产卵力，将传统只育春王改为全年各季都育新王，及时淘汰老劣王。由于新王生命力强，体态丰满，产卵积极性高，卵圈大，抗寒力强，停产也迟，可使秋繁培育出更多的越冬适龄蜂。据试验，同样群势，新王可比老王多培育出越冬蜂 $80\%\sim120\%$，可为次年强群春繁打下基础。

初养蜂者往往控制不好早春蜂王产卵。放王过晚，会影响蜂群的繁殖，进而影响蜜源的采集；而放王过早，则因早春天气寒冷，工蜂不能外出采水，外界又无蜜源，会消耗大量饲料，培育的新蜂又不健壮。因此准时放王产卵，既省饲料，又能培育大批健壮的工蜂。

从放王前 2～3 天开始，每天或隔天对蜂群进行奖励饲喂，以蜜蜂够吃为宜。放王后 1～2 天，蜂王开始产卵，蜂王开始产卵后，尽管外界有一定的蜜源，也应每天用糖水喂蜂，以刺激蜂王产卵，糖水中可以加入少量食盐，预防幼虫病发生。

五、促蜂排泄

蜜蜂在越冬期间一般不飞出排泄，粪便积聚在大肠中，使大肠膨大几倍。特别当气温达到一定温度，蜂王便开始产卵，蜜蜂为育虫和调节巢温，饲料消耗增加，使蜜蜂大肠中的粪便积累加快。因此，为保证蜜蜂的健康，越冬结束春繁开始前，必须创造条件，促进蜜蜂飞翔排泄。

一般选择晴暖无风、气温在 8℃ 以上的天气，取下蜂箱上部的外保温物，打开箱盖，让阳光晒暖蜂巢，促使蜜蜂出巢飞翔排泄。如果蜂群系室内越冬，应选择晴暖天气，把越冬蜂搬出室外，两两排开或成排摆放，让蜜蜂爽身飞翔后进行外包装保温。排泄后的蜂群可在巢门挡一块木板或纸板，给蜂巢遮光，保持蜂群的黑暗和安静。在天气良好的条件下，可让蜜蜂继续排泄 1～2 次。

根据蜜蜂飞翔情况和排泄的粪便，可以判断蜂群越冬情况。越冬顺利的蜂群，蜜蜂体色鲜艳，飞翔敏捷，排泄的粪便少，像高粱米粒大小的一个点，或是线头一样的细条；越冬不良的蜂群，蜜蜂体色暗淡，行动迟缓，排泄的粪便多，排泄在蜂场附近，有的甚至就在巢门附近排泄。如果越冬后的蜜蜂腹部膨胀，就爬在巢门板上排泄，表明该蜂群在越冬期间已受到饲料不良或潮湿的影响；如果蜜蜂出巢迟缓，飞翔蜂少，飞得无力，表明群势衰弱。对于不正常的蜂群，应尽早开箱检查处理，对过弱蜂群应进行合并。

六、保温

由于早春气温较低，昼夜温差较大，养蜂户应做好防寒保温工作。具体保温措施有：

（1）选好场地。把蜂群放在避风、向阳、高燥、稀疏的落叶树下。

（2）做好箱内保温。3 框上下的弱群可把蜂团放于蜂箱正中，左右各加一块隔板，隔板下吊根双重线，固定于箱底，两侧塞进稻草把，先塞部分空间，12 月下旬起天气寒冷且蜂团已经稳定后可以塞满。6 框、7 框的强群，把蜂团靠于一侧，空的一侧放上隔板，板外塞草，七八成满即可，不必进行外保温。

（3）做好箱外保温。气温低时，箱内做好保温后，进行稻草包装保温。如果单群包装，箱盖上面先纵向用一块草帘把前后壁围起，再横向用一块草帘沿两侧壁包到箱底，留出巢门，加薄膜包扎防雨保温。

（4）视情伸缩巢门。晴天午后把强群的巢门扩大到 6～7cm，天寒时缩小到 2～3cm，弱群只留够一蜂进出的空间。

（5）定期清理蜂箱内的蜡渣及蜜蜂排泄物。

（6）越冬后饲料糖消耗量大，在检查蜂群时，如发现饲料糖不足，要及时奖励饲喂，防止饿死蜜蜂，蜂王还会停止产卵。

（7）合并弱小蜂群和无王群。

七、饲喂

中华蜜蜂一般不主张饲喂，只有在两种状态下，一是用于繁殖蜂种，二是越冬。为了迅速壮大群势，奖励饲喂是蜜蜂饲养中一项不可缺的基本技术，是提高蜂群繁殖效率的重要手段。通过奖励饲喂。人为造成蜂巢内日进"新蜜"的假象，使蜂王积极产卵，工蜂积极哺育蜂儿，育王工作得以顺利进行，进而使蜂群顺利度过蜜源条件的不利阶段，增强了群势，为迎接主要流蜜期积累了大量健壮的采集蜂。

饲喂有补助饲喂和奖励饲喂两次方式。

（1）补助饲喂。即在蜜源缺乏时所进行的人工饲喂。其方法有：①补饲蜂蜜。可用蜂蜜加温水 5 倍稀释（结晶蜂蜜，需稍加水煮溶）。稀释后的蜂蜜，可采用灌脾的方法或者倒入框式饲养器内饲喂蜜蜂。②补饲糖浆。糖浆是以白糖加水 2 倍，经加热充分溶解后凉至微温，最好在糖浆中加入 0.1% 的柠檬酸，以利于消化和吸收，此时不宜用红糖。

（2）奖励饲喂。在蜂群繁殖期和蜜蜂生产期所进行的人工饲喂。一般给少量 60% 蜜液或 50% 的糖浆，早春时隔日 1 次，以后消耗增加，可每天 1 次，时间从流蜜期前 40 天起，直到外界有大量蜜粉采入为止。每框蜂每次奖励 50～100g 糖浆即可。

（3）饲喂花粉。目的是补充蛋白质饲料，在越冬后期及早春，补给前一年秋季保存下来的花粉。饲喂方法如下：①液喂。将花粉加糖浆 10 倍，煮沸，待凉后放入饲养器内饲喂。②饼喂。将花粉或代用花粉加等量蜂蜜或糖浆，充分搅拌均匀，做成饼状，外包塑料纸，两端开口，置于框梁上供蜜蜂采食。遇寒流时，经常采用此法。

（4）饲喂水分及盐类：①水分。一般每一蜂群每天需采水 200～300mL。在饲养器内盛水或在纱盖上放湿毛巾，供自行采水。②盐类。在糖浆中加入 0.05％的食盐即可。

八、加脾扩巢

春季，如何科学地加脾扩巢，为蜂群的生活、繁殖和工作创造最佳环境，是保证蜂群繁殖的一项重要措施。加脾要根据蜂场所在地的气候、蜜粉源情况以及群势的大小确定所需要的蜂脾关系。不同的季节，要有不同的蜂脾关系，不能因扩巢而导致蜂脾关系失衡。把春季加脾分为看蜂加脾、看子加脾和看蜜加脾三个阶段来掌握，是比较科学和合理的。

1. 看蜂加脾

春繁时，大都认为蜂群要密集，方利于保温，但分寸要掌握好。若过分密集，给一些强大的蜂群也只放两张脾，结果蜂堆脾上，有些蜂连个栖息的地方也没有，只好附着于箱壁或附盖，如此密集，人为地拉长了蜂球。如果天气乍暖乍寒或管理稍有疏忽，往往会出现两端拖子或子脾不理想的现象。早春的密集，以蜂多于脾为准，同时以不破坏其蜂球为度。初繁时不忙于加脾，减少开箱，待外界气温有所回升，巢内有封盖子脾时，每三五日加脾一张，直到蜂脾相称。这样，前期密集成球，易于保温，后期幼虫增多，自身温度增高，卵圈逐渐扩大，不会冻伤幼虫。

2. 看子加脾

待到春繁发生 20 多天后，巢内子脾面积扩大，新蜂即将或已经出房，外界气温渐趋稳定，蜜源植物已零星开花，蜂王产卵力正旺，就要不失时机地加脾，原则是产满一框，而且大部分封盖后才可加框。因这时新蜂不断出房，哺育幼虫的能力大大提高，脾面上一定要达到八成以上蜂量，幼虫的哺育和巢温的维持，才会不成问题。这样，前期附蜂固然少一些，但随着幼蜂的陆续出房，附蜂会逐渐增多起来，直到蜂满箱，脾满箱，甚至加上继箱为止。

3. 看蜜加脾

随着外界气温逐渐升高，油菜一片金黄，蜂群此时大量进蜜进粉，说明大流蜜时机已到，这时就要看蜜加脾了。巢内要经常留有贮蜜场所，因为此时采回的花蜜是极其稀薄的，只能贮满巢房的一半。工蜂白天辛苦地将甜汁搬运回来，忙碌地将其分散地贮于巢房各处，晚间才好着手酿造工作。如果巢房不够，势必窝工，进而怠工，形成分蜂热。

九、培育双王

中华蜜蜂是我国土生土长的优良蜂种，繁殖速度慢。如果利用双王繁殖，产卵量可增加一倍，容易在相对较短的时间内繁殖成强群，当蜜粉源植物泌蜜期到来，可除掉劣王，利用单王带大群采集蜜粉，产量比单王群可增加一倍。

1. 双王群的优势

双王群蜂多、群势壮，冬季巢内温度适宜，不保温也可安全越冬；早春繁殖巢温恒定，双王产卵、哺育蜂多，幼虫营养充足，能大大加快繁殖速度，能在较短的时间内繁殖成强群。强群在抗病、抗盗蜂等方面占有绝对优势，巢内幼虫多，饲料消耗大，哺育负担重，因而工蜂造脾、育虫、采集的热情高，积极性强，不易产生分蜂意念，尤其是当蜜粉源植物吐粉泌蜜期到来时，适龄采集蜂多，更有利于蜜粉采集，可获得蜂蜜花粉双丰收，能提高中华蜜蜂的综合经济效益。

2. 双王群的组织

利用同龄王组织双王群和利用提交尾群组织双王群。分蜂期不能组织双王群，分蜂期组织双王群容易诱发分蜂。培育优质王台宜在"立夏"时主要蜜粉源植物的大流蜜期，花粉源丰富。到分蜂中期，大部分蜂群均有分蜂热，分蜂期雄蜂多。筛选抗病性能强、能维持强群、蜜粉产量高的优质蜂王群作育王群进行复式移虫，培育一批优质王台。到"小满"时节分蜂期基本结束，王台成熟即可组织双王群。

（1）利用正方形蜂箱（例如：12 框箱）。正方形蜂箱适应中华蜜蜂的球体特性，可优化蜂巢结构。中华蜜蜂双王群用中华蜜蜂框式隔王板将箱内隔成大小两区：大区放 5 张脾，作贮蜜区；小区放 3 张脾，作繁殖区。工蜂之间互通，蜂王由隔王板隔开。两区各开活动巢门，小区开后巢门，大区紧靠隔板插入活隔板，使两区蜜蜂暂时不易往来，处女王交尾易成功。王台封盖 6 天提双王交尾群，每区 1 群，提 2 脾足蜂。从强群内带蜂提 1 张正出房的老蛹脾，1 张卵虫脾，老蜂若返回原巢可再抖入一脾蜂，各靠外箱壁，放活隔板，上盖覆布和小棉被，大区开前巢门，小区开后巢门，使处女王交尾不易错投。两区各诱入 1 只封盖 7 天的王台，7 天检查处女王产卵情况。若两区蜂王已产卵，傍晚待蜂群停止活动后，抽出紧靠隔板的活隔板，用小酒盅往大区空间撒半盅白酒，使两区气味相同。小区堵后巢门，双王群即组织成功。

（2）利用分蜂后期自然分出的处女王小群与原有新王弱群组成双王群。分蜂后期分出的处女王小群均系 1~2 脾蜂，可与原有新王弱群组成双王群。先调整新王弱群，弱群在大区繁殖，从群内脱蜂抽出 1 张蜜粉脾，让收捕分蜂小群使用。弱群剩 2 张脾，靠一侧箱壁，放活隔板。

用提出的蜜粉脾收捕分蜂小群，1 张巢脾即可收完，放入 1 个小空箱内。分蜂期最后自然分出的小蜂群处女王均未交尾产卵。如果原有弱群坐北朝南，新收捕小群可坐西朝东，相距半米，处女王交尾不易错投。调入 1 张卵虫脾，增加小群的恋巢性，上盖覆布和小棉被，晚上进行奖励饲喂。

7 天后检查处女王产卵情况。若处女王已产卵，傍晚蜂群停止活动时，掀开弱群小区棉被和覆布，将收捕小群轻轻放入小区，靠一侧箱壁，放活隔板。小箱内剩余蜜蜂用蜂扫轻轻扫入小区，用小酒盅往空间处撒半盅白酒。第二天尽量缩小大区弱群巢门，使小区飞翔蜂不易入内，保持两区群势基本平衡。双王群即组织成功。

（3）利用母女同巢特性组织双王群。经多次试验，有血缘关系的母女蜂王可以同居一巢，同脾产卵；无血缘关系的老少蜂王也可共居一巢，同脾产卵，即老少同巢。根据此特性，3 个月的产卵蜂王即可组织老少同巢双王群。

有计划地培育雄蜂，雄蜂出房后，选优质蜂王群进行人工育王，每晚对育王群奖励饲喂，直至王台封盖。王台封盖 6 天，将老蜂王带 2 脾蜂调往小区，开小区巢门。大区剩 5 脾蜂，紧靠隔板插入活隔板，使蜂群感觉巢内无王，易于接受王台。王台封盖 7 天，在大区蜂群两框梁之间诱入 1 只成熟王台。第二天下午检查处女王出台情况。处女王出台后，一般 5 天交尾，7 天产卵。出台 2 天必须关上小区巢门，让两区工蜂暂时从大区巢门出入，使处女王交尾不易误入小区。7 天检查处女王产卵情况，处女王产卵后，可抽出紧靠隔王板的活隔板，使两区蜜蜂互通，打开小区巢门，让工蜂从两个巢门出入。双王群即组织成功。

值得注意的是，老少同巢双王群如果两王在一区产卵，蜂群易遗弃老王，老蜂王即会死于巢前，同巢时间不会长久。要想同巢时间长久，必须分区饲养。只要管理得当，两王可以同巢至翌年春末夏初第一个蜜源前夕。那时除掉劣王，利用单王带大群采蜜。

3. 双王群的管理

（1）防止蜜蜂偏集。饲养双王群要经常防止蜜蜂偏集，调整好两区群势。尤其是老少同巢双王群，老王区蜜蜂喜欢偏集于新王区。若出现一区蜂量多另一区蜂量少的情况，可将蜂多一区的出房子脾和蜂少一区的卵虫脾对调；把蜂多一区巢门缩小，蜂少一区巢门扩大，让更多的飞翔蜂进入蜂少的一区，使两区蜂量相等。

（2）及时补充饲料。双王群内两只蜂王产卵，经过一段繁殖期，巢内幼虫多，饲料消耗量大。如果天气阴雨连绵或外界蜜源不佳，应及时补充蜜粉。饲喂器放于两区之间。

（3）及时扩大蜂巢。当新蜂陆续出房，巢内蜂量不断增多，隔板外侧挂满蜂胡子。此时，要及时扩大蜂巢加入空脾或巢础框。

（4）设法控制分蜂。接近"夏至"，箱内蜜蜂已拥挤不堪。外界有零星荆条开花，有少量流蜜。此时，巢内封盖子脾多，缺少蜂王产卵空脾。要及时脱蜂提出封盖子脾，与弱小群的卵虫脾对换。摇空巢内存蜜，迫使采集蜂提早采集新蜜源。适当添加优质空脾或上巢础框造脾。

（5）利用单王采蜜。"夏至"以后，荆条即将流蜜。蜜源前7天，可将蜂巢进行一次调整。先除去劣王，若群内出现分蜂热，可将两王均除掉，换入早育的新产卵王，利用单王带大群采蜜。

（6）用老劣同巢再组双王群。同龄王双王群如果一区失王，可诱入成熟王台，组织老少同巢双王群，蜂王越老越易成功。

（7）重新组织双王群。"大暑"培育一批优质王台，准备重新组织双王群。"大暑"荆条正处于大流蜜期，花粉丰富，雄蜂众多，是培育秋王的良好时机。挑选抗病性强、维持强群、蜜粉产量高的蜂王群作育王群培育一批王台。"立秋"荆条蜜源基本结束，王台成熟，可根据母女同巢特性，将所有蜂群组织成老少同巢双王群。"处暑"之前，新王均可产卵，为培育越冬强群打好基础。

（8）防老王丢失。"寒露"以后，外界蜜粉源逐渐减少，气温日益降低，老王区蜜蜂喜欢偏集于新王区。蜂量一旦减少，老王易丢失。要及时将新王区的出房子脾带蜂与老王区的卵虫脾对调，为老王区增添新蜂，或者关闭老王区巢门，让工蜂通过隔王板相互往来，避免老王丢失。

（9）让两蜂王在一区内越冬。"立冬"前夕，当蜂群即将结团，可将小区蜂王连脾带蜂调往大区，让两王在一区内越冬。小区所剩蜜蜂会通过隔王板进入大区。否则，小区蜜蜂会全部偏往大区，最后小区蜂王无工蜂维持。

（10）辨清新老蜂王分区饲养。翌年"雨水"开繁，打扫蜂巢，清除蜡屑，辨清新老蜂王。新王身上绒毛俱在，行动敏捷；老王胸背部绒毛已经磨损，行动迟缓。可将老王带2脾蜂调往小区，新王留在大区，保持蜂群密集，再分区饲养。

十、蜂王培育

养蜂生产过程中蜂王的培育是一件很重要的事情，它关系到养蜂经济效益的高低，关系到蜜蜂品种退化问题。俗话说："一只好王千斤蜜"，此话虽夸张一点，但足以说明蜂王在蜂群当中的作用，但是好王不是轻而易举就能得到的。

1. 要选择适宜本地区的蜂种育王

可以从正规的种蜂场引种，也可以从本场择优移虫培育，避免种性退化。

2. 要有好的蜜粉源

有了好的种王也不一定就能育出好王来，还必须有好的或辅助的蜜粉源，这是培育好蜂王的又一个主要条件。如外界蜜粉条件差则不能育王，蜜粉源条件一般时，则每天傍晚要进行奖励饲喂。

3. 利用大卵育王

有了上述两个条件还不够，还必须利用大卵育王，大卵育出的蜂王，初生体重大，发育好。大卵是怎样得到的呢？首先要将种王用竹丝笼囚禁 5~10 天，移虫前 4~5 天放开种王开始产卵，放王后 4 天内所产的卵的体积和重量都比较大，以后随产卵量增多而逐渐变小。

4. 选择强群育王。强群各方面条件都较优良

12 框足蜂以上，巢内蜜粉充足的、有王群育王最好。将原蜂王限制在巢箱内，选 1~2 张小幼虫脾，先将育王框带王台放在两幼虫脾中间清理 4~6h，取出移入 2 日龄小幼虫促其接受。24h 后取出，把幼虫去掉，用毛笔将每个需移虫的王台用所接受的蜂王浆涂刷，随即移入适宜的 12h 以内的小幼虫。如所育处女王在移虫后第 11 天出房的，质量不会太好，只有在第 12 天的下午或夜间出房的是最佳处女王。

5. 组织交尾群

组织交尾群以 1~2 框蜂为好，蜜粉要足。群势较大会浪费工蜂的哺育力，对全场的发展和生产不利。在处女王出房前 1天，把王台安放在交尾群的蜂多有蜜处，处女王出房后如有残肢和体格较小的应立即予以淘汰。处女王交尾产卵一般是在出房后第 9~11 天，个别的十二三天，超过半月交尾的处女王也应淘汰。

6. 是否是一只好王还得看产卵以后各方面的表现

在交尾群中，产满 1 脾卵后应立即提出与强群中的空脾对换，连产 4 脾卵后将其诱入到生产群中进一步作性能考察。在生产群中产卵、产蜜、产浆、产花粉等都不低于同群势的产量，甚至更高，此只新王才能确定为一只好王。

十一、控制分蜂

在春季，群势发展到一定程度后会出现分蜂，对群势的继续发展不利。针对这种情况，预防和控制春季发生分蜂热成为流蜜期管理上的重要技术环节。可根据具体情况灵活采取措施。

1. 要选好育王群

养蜂者在生产过程中要认真筛选出工蜂个体大、能维持强群、不易产生分蜂热、无病害的蜂群作为育王群，这样才能育出好的蜂王。选出好蜂王的同时，淘汰3～4脾蜂就产生分蜂热的蜂王、年老的蜂王、不抗病的病群的蜂王以及个体弱小、有伤残的蜂王。要想养好蜂，首先养好王，这是解决分蜂热的关键。

2. 早春提前培育蜂王，更换老王，是解决分蜂热的捷径

首先要选好育王群，从其他蜂群抽封盖子脾，每箱抽1脾集中到育王群。育王群以4～5张子脾为宜，注意加强保温。5天后王台封盖，把老王提走。封盖后第六天把要更换蜂群的老王也提走，都可放在原群旁边。第七天，注意检查育王群内的自然王台，若有要全部除掉，新王育成后除掉老王，新王不成功则把老王放回原箱，组织采蜜群，这样春季蜜源不会被耽误，这是解决分蜂热的一条捷径。

3. 提早取蜜

在流蜜初期，提早采收封盖蜜，能够促进工蜂采蜜的积极性，使蜂群维持正常的工作状态。

4. 适当增加工蜂的工作量

遇到连续的阴雨天，采集活动受到影响时，大量的工作蜂怠工在群内，极易产生分蜂热。在这种情况下，可采取奖励饲喂、加础造脾，或把繁殖群中的卵虫脾和采蜜群中的封盖子脾对调等，人为增加工蜂的工作量，也能控制分蜂热的产生。

5. 用处女王替换老王

用处女王替换采蜜群中的老王，或者用新产卵王替换老王，都能控制或消除采蜜群的分蜂热。

6. 实行人工分蜂

在原群内留下老母蜂和一部分未封盖子脾，割掉巢脾上的母蜂台，根据蜂群的情况适当加入空脾或巢础框。其余的带蜂子脾，选留一个好的母蜂台，组成新分群，放在另外一个明显的位置。由于原群中失去了大部分封盖子脾和幼蜂，这样就控制了分蜂热。

十二、人工分蜂

人工分蜂又称人工分群，它是增加蜂群数量，扩大生产的基本方法。它是用培育的产卵蜂王、成熟王台或者储备蜂王以及一部分带蜂子脾和蜜脾组成新蜂群。人工分蜂能按计划，在最适宜的时期繁殖新蜂群。个别蜂群发生分蜂热时，可以及时采取人工分蜂的方法把蜂群分开，能够制止蜂群发生自然分蜂，避免收捕的麻烦和分蜂群飞逃的损失。

如果不考虑蜂场的设备条件、当时当地的蜜源情况，无计划地进行人工分蜂，必然造成全场蜂群都成为弱群，没有生产能力，这是应该避免的。分群有均等分蜂、不均等分蜂、混合分蜂等方法，要结合自身特点进行分群。

1. 均等分蜂

距离当地主要蜜源植物流蜜期在 45 天以上，把一群蜂平均分为两群，两群都能在大流蜜期到来时发展强壮。做法如前章介绍。

2. 不均等分蜂

不均等分蜂是从一群蜜蜂中分出一部分蜜蜂和子脾，分成一强一弱两群。此法适合对发生分蜂热的蜂群采用。如果离大流蜜期时间较长，可用封盖子脾把分出群逐步补强；否则，以后可将

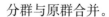

分群与原群合并。

3. 混合分蜂

从几个蜂群中各提出一两框带幼蜂的封盖子脾，根据情况混合组成 3～6 框的分蜂群。

4. 补强交尾群

交尾群的新蜂王产卵以后，可以每隔 1 星期用从强群提出的封盖子脾补 1 框，起初补带幼蜂的、以后补不带蜂的封盖子脾，逐步把它补成有 6 框蜂以上能独立迅速发展的蜂群。

5. 蜂群的快速繁殖

分蜂群发展满 10 框标准箱时，把它的蜂王和 1 框子脾提出来，再由补助群提来 1 框带蜂封盖子脾，1 框不带蜂封盖子脾，组成 1 个分群，放在一个新地点。按均等分蜂法，把已提出蜂王的无王群平均分成两箱。任何一个分群的蜂王在婚飞时损失了，就将它与邻群合并。

第二节　中华蜜蜂夏季饲养管理

从"立夏"开始，到"立秋"为止，这 3 个月的饲养管理，叫做夏季管理。夏季管理的主要任务：一是设法控制分蜂，力争刺槐、狼牙刺花期蜂产品高产；二是为荆条、山乌桕蜜源花期培育适龄采集蜂，力争荆条、山乌桕蜜源花期蜂产品大丰收。

蜜蜂在长期的进化过程中，虽然形成了对高、低温的适应性，但当温度超过了一定的极限，蜂群的正常生理活动势必受到影响。进入夏季是蜂群的强盛阶段，抗病力增强，是蜂场生产的黄金时期。但蜂箱的密封严密性和纵、横向空间的有限性，蜂巢内的温度（简称巢温）通常会较高，特别是长期被阳光直射的蜂群，巢温还会更高，若不注意加强人工降温管理，不仅会发生坠脾现象，最主要的是蜂群群势的发展将受到严重影响。

一、防暑降温

夏季高温会引起蜜源植物生长困难，主要是蜜粉源缺乏。由此产生的后果就是蜂群的衰减，即夏衰。夏季时控制蜂箱内的温度是预防分蜂热发生的首要任务。当气温达到 35℃ 时，蜂王会减少产卵，38℃ 以上几乎全部停产。蜜蜂通过采水、加强扇风、降低密集度等来调控箱内的温度。如果较长时间调节巢内温度而劳累，会缩短工蜂寿命，降低蜜蜂的免疫力，并容易得病或受敌害的侵害。

所以要做好遮阴、通风、供水工作。只要箱内的温度降到35℃ 以下，蜜蜂们想分家的情绪就会很快平息。

（1）应将蜂箱移至树荫或屋檐下，以防巢温升高导致蜂群不安。

（2）气温超过 35℃ 时，在巢门附近摆放饮水器，给蜂群喂水。

（3）注水降温。在气温超过 35℃ 的酷夏时节，水对中华蜜蜂尤为重要，必须人为地给蜜蜂注水降温。方法如下：

①对蜂箱及蜂场周围每天早、中、晚用井水各浇水 1 次，保持地面潮湿，降低地温；喷一次井水可以降低蜂场气温 3～5℃。

②用清水打湿覆盖箱顶。午时把覆布浇湿，可在每只蜂箱的副盖与大盖之间覆上一块浸透水的海绵，既可降低巢温，又能用于饮水。蜜蜂可以爬到上面乘凉，大概每 2h 浇一次，能达到很好的降温。

③在箱内底部用盆、碗或碟装满水，水气在箱内缓缓蒸发，四处弥漫，热气随着水气蒸发而散失。

④箱底注水。将蜂箱后面垫高，打开箱盖，覆布揭开，从后面浇水，让水从巢门流出。

⑤有条件的话，将瓶装水放入冰箱急冻，完全结冰后，在白天气温最高的时候（15～16 时）取出冰瓶，放入箱内挡板外。

由于冰结在瓶内，凉气散发较慢，加上被挡板隔离，箱内不会骤冷。由于冷热温差的作用，瓶身水珠会滑落在箱底产生湿气，又带来另一轮（类）降温。冰瓶挥发出的凉气可持续 4h 以上，一直维持到 20 时气温才开始降低。

（4）夏天箱盖可不盖严。可在夜间打开箱盖，用布盖住，四周压条，使箱内外空气对流，减少闷热。但白天切记不得打开箱盖或纱窗，要使巢内常处于黑暗环境，确保幼虫、蛹的正常发育。

（5）在箱内间隔放 1～2 个空巢础框，扩大蜂巢，同时加大蜂路，这样可以增加蜜蜂活动面积并通风降温，且有立足的地方不会造成拥挤。

二、预防天敌

蜜蜂的天敌主要有胡蜂、蜂虎、山雀、癞蛤蟆、蚂蚁、蜘蛛等，尤其以胡蜂和蚂蚁最为严重。

另外一些动物则对蜂巢、蜂蜜等蜜蜂的劳动成果感兴趣。一种叫蜂巢蛾的蝴蝶将卵产在蜂巢内，毛虫则借助弱势蜂群的蜂房结网。一种诨名为"蜂虱"的双翅类昆虫寄生在蜜蜂尤其是蜂王身上，迫使受害者吐出食物。最可怕的是由一种单细胞生物引起的蜂孢子病和由菌类引起的曲霉病，曲霉病能使蜜蜂的呼吸系统瘫痪和眼睛失明。

三、预防农药中毒

夏季是昆虫和病原微生物的活跃期，施用农药是目前农业防治作物病虫害的主要手段，但施用不当不但会对作物产生一定的影响，还会使蜜蜂等授粉昆虫中毒死亡，致使蜂群群势迅速下降，甚至全群覆灭。

1. 农药对蜜蜂的毒性

农药的种类很多，其中杀虫剂对蜜蜂毒性较大。根据农药对蜜蜂的毒性大小，可将农药分为高毒类（狄氏剂、敌敌畏、涕灭威等）、中毒类（氯丹、三硫磷等）及低毒类（滴滴涕、尼古丁等）。这些不同种类的农药喷洒到植物上以后，或通过蜜蜂采粉、采蜜或巢内的清洁活动，直接吞食药物，产生胃毒作用；或与蜜蜂体壁相接触而产生触杀作用；或通过蜜蜂气门进入其体内而产生熏杀作用。农药进入成年蜂体内，有可能只侵犯消化道，造成其麻痹或肌肉上的毒害，使成年蜂无法获取所需的营养，腹部膨胀，脱水死亡。更为常见的是，农药以各种途径侵害蜜蜂的神经系统，以致蜜蜂的足、翅、消化道等功能退化而死亡。

2. 预防蜜蜂农药中毒措施

在花期施用农药，施药方应提前 1 周左右通知周围 5km 内的养蜂者，以便及时采取相应的处理措施。

（1）若施用农药长效期超过 48h，在施药前 1 天，最好将蜂群搬到距离施药地点 5km 以外的地方，待药液毒性残留期过后再搬回。

（2）若药效期短或一时无法搬离，可采取蜂群幽闭的方法。幽闭的时间，根据各种农药残效期的长短而定。同时做好蜂群的通风降温工作，保持蜂群黑暗、安静，并保证有足够的蜜粉。

（3）在有足够空箱的条件下，蜜蜂可采用减弱群势的方法来控制采集蜂出勤。在施药的当天早上，将群势较强的蜂群均等分为 2～3 群。蜂王留在原箱继续产卵繁殖。原箱由于群势减弱，出勤蜂少，提出新箱的蜂脾无蜂王，出勤蜂也不多。农药残留期过后，提于新箱的蜂脾，清除急造王台后，用间接合并蜂群的方法并回原箱，恢复原有的群势。

四、夏季一般饲养管理

立夏至大暑是蜂群的越夏阶段，气候炎热，气温常高达32～38℃，对蜂群繁殖不利，一旦外界缺乏蜜粉源，蜂王就会停止产卵，加上敌害的危害，如果饲养管理不好，蜂群群势会急剧下降，甚至全群逃亡。

为使蜜蜂安全度过炎热的夏季，应做好以下工作：

1. 保持强群

夏季，刺槐、柿树、枣树等植物花期紧接相连，这些花陆续盛开，蜜蜂蜂群往往因劳累过度会有所下降，此时保持蜜蜂强群是夺取丰收的基础。

2. 注意遮阴

夏季要避免太阳暴晒蜂箱，控制敌害，保障清洁水源，如果遮阴条件不够，可用稻草或其他遮阴物搭起荫棚。

3. 调整群势，保持密集

蜂群进入夏季之前要对强群（采蜜群）和小群（繁殖群）进行平衡，使每群的蜂量基本上保持均等，使之都达到5框足蜂以上，同时要保持蜂略多于脾，这样有利于繁殖、采集和抵抗敌害的侵犯。

4. 适时取蜜

蜜蜂夏季的工作时间为8：30至12：00、16：00至天黑。取蜜时间应掌握在8：30之前，此间取的蜜水分少、浓度高；采蜜时间内取蜜，水分大，影响蜜蜂工作。根据脾子发白程度、房眼封盖多少来确定存蜜的多少。

5. 更换老劣蜂王和旧巢脾

更换的方法一般是：在老劣蜂王群介入一个成熟的王台，实行"母女同巢"。

6. 留足饲料

每群巢内除留2～3框蜜脾和一框花粉脾外，还应贮备2～3框封盖蜜脾和1～2框花粉脾，以便随时补给缺料的蜂群。

7. 奖励饲喂

奖励饲喂可刺激蜂王多产卵，提高工蜂造脾、育虫、采集的积极性，使全场蜂群在荆条、山乌桕、油菜花开花泌蜜前，均发展为强大的生产群。

8. 防除敌害

白天，胡蜂、蜻蜓等在蜂场捕食出入的采集蜂；晚上，蟾蜍、壁虎等爬在巢门口吞食纳凉蜜蜂。可以寻找胡蜂蜂巢，傍晚用火烧毁或于巢门扑打；晚上人睡定以后，到巢门前消灭壁虎，捕捉蟾蜍。

五、预防蜜蜂分蜂

"立夏"前后，蜂群已经达到了一个动态平衡，开始自然分蜂。中华蜜蜂分蜂性强，1群能分出2～3群，甚至更多。自然分蜂之后，原群和分出群均系弱群。诱发蜂群自然分蜂的条件：一是巢内青壮年蜂过多，哺育力过剩；二是外界丰富的蜜粉源诱惑；三是巢内蜜蜂拥挤不堪，巢温过高；四是蜜、粉盈余，压缩了蜂王产卵的地盘；五是蜂王较老，释放的蜂王物质少，难以控制强大的蜂群，使工蜂产生了分蜂意念。因此，在生产上要利用新蜂王带大群采集蜜、粉。

"立夏"前后，鲜花相继开放，荆条、山乌桕是北方的主要蜜粉源；油菜花是南方的主要蜜源。但此时也是中华蜜蜂的分蜂期，要想做到采蜜、分蜂两不误，必须做好下列各项工作。

1. 利用单王带大群采集蜜粉

在本地区主要蜜源植物开花泌蜜前7～10天，将蜂群进行1次调整。蜜源期，巢内始终保持10～11张脾，每次取蜜，可将蜂王产满的卵虫脾与基本出空的子脾对换，供蜂王产卵。

2. 处理好采蜜与分蜂的关系

中华蜜蜂分蜂性强，群内一旦出现"分蜂热"，用人工方法难以控制。分蜂之后，原群和分出群均系弱群，第一个蜜源期取商品蜜无望，但是自然分蜂之后工蜂的工作积极性更加高涨，要正确对待"分蜂热"，变消极因素为积极因素。"立夏"前后，人工移虫培育的新蜂王已经产卵，如果有些群内出现"分蜂热"，可随老蜂王分出1个小群，诱入早育的新产卵王带大群采集蜜粉，一可解除"分蜂热"，控制分蜂；二可调动工蜂的工作积极性，夺取第一个蜜源高产。蜜源末期，可抽原群出房子脾带蜂将小群补为 3～4 脾蜂，为下一个蜜源培育生产群。

3. 迫使采集蜂提早采集新蜜源

当向阳坡上有零星花开时，便有少量流蜜。此时，即可将巢内存蜜全部摇出。这样做，巢内无蜜，一可控制分蜂，二可迫使采集蜂提早采集新蜜源。

4. 及时取成熟商品蜜

巢内 5～6 张蜜脾，只要全部进满蜜，封盖 1 个月以上，便是成熟商品蜜，即可及时摇取。仅取其盈，只摇蜜脾，不摇子脾，不伤及卵虫、幼蜂，不污染蜂蜜。

5. 生产、繁殖两不误

刺槐蜜源与荆条蜜源只有 45d，时间短，蜂群难以恢复成强群。要做到生产、繁殖两不误，取蜜时要及时调换大小区子脾，不影响蜂王产卵。

六、蜂群人工分群

蜜蜂分群是人们在养殖蜜蜂过程中，扩大蜂场规模时最常用的方法。养殖蜜蜂，若蜂群较旺，又未自然分群，可进行人工分群，提高蜂群数量。

1. 什么是蜜蜂人工分群

蜜蜂人工分群就是用人为的方式把原有的蜂群分成两个，然后让新蜜蜂规模不断扩大，起到扩大生产的目的。人工分群中可以分为均等分群法、不均等分群法以及混合分群法等多种方式。分群时会把原有蜂群中没有群王的巢脾取出，移入新的蜂箱，然后再诱入新的蜂王。只要新蜂王出现产卵，工蜂正常工作，那么人工分群也就成功了。

2. 蜜蜂人工分群方法技巧

（1）蜜蜂人工分群之后产生出的新蜂群是势力比较弱的一个

群体，这里就需要饲养者对它们格外关照，不论是蜂箱的保温、蜂箱的安全，还是蜂群中饲料的供给，都需要人为地进行调节，直到新蜂群的发展进入正轨以后才能结束。

（2）蜜蜂人工分群以后，要时刻注意蜂群的发展。如果外界的蜜源充足，饲养者就应该及时为新蜂群添加新的巢脾，同时也应该加入新的巢础框，使蜂巢的规模不断扩大。在扩大蜂巢的同时，也应该增加奖励饲喂的次数，并且及时加入蜜粉脾，让蜂群中的蜜蜂有充足的食物可以食用。

（3）如果是大量人工分蜂，这里需要注意的是，分离出来的新蜂群应该集中在一起，而且距离原来的老蜂群距离不能太近，不然会出现分出的蜜蜂飞回老巢的情况。

七、夏季中华蜜蜂主要生产阶段

夏季要获得蜜源大丰收，需要做好下列各项工作。

1. 繁殖阶段

一是调整蜂巢加速繁殖。刺槐、狼牙刺、油菜花蜜源结束以后，若槠、山乌桕、板栗相继开花。要将蜂巢进行 1 次调整，留足饲料，保持蜂略多于脾。

二是抽强补弱。抽原群出房子脾带蜂，将原来分出小群补为 4～5 脾蜂，加强管理，力争到荆条蜜源时发展为生产群。

三是组织双王群。可组织"母女同巢"双王群。将老蜂王带 2～3 脾蜂囚往小区繁殖。当处女王交尾产卵，可抽出活隔板，打开小区巢门，饲养双王群。

四是及时加础造脾。新蜂群造脾能力强，当隔板外侧挂满"蜂胡子"，即可加巢础造新脾。

2. 生产阶段

（1）组织强群采蜜。凡是 4～6 脾弱群，可就近合并为 10～11 框群，力争群群达标，争取荆条蜜源高产。场内蜂群数量不够，"立秋"以后人工分蜂补充。

（2）生产成熟商品蜜。饲养中华蜜蜂，不能采用饲养西方蜜蜂的理念生产低浓度、不成熟的单一花种蜜，要遵循中华蜜蜂的特点，生产营养价值较高的百花特种成熟蜜。巢内5～6张蜜脾，8～10天只要全部进满蜜，60％～70％封上盖便是成熟商品蜜，即可摇取。

（3）保持巢内通风。暑天炎热，巢内蜂壮、蜜足、巢温高，贮蜜区覆布掀起一小角，保持巢内通风，可加速蜂蜜成熟，提高蜂蜜质量。

（4）准备秋季分群。"大暑"以后，根据场内蜂群数量，酌情人工移虫培育一批王台，准备秋季分蜂和取商品蜜。

（5）防止盗蜂。荆条蜜源结束以后，外界零星蜜粉源不佳。要防止蜂群起盗，尤其要防范西蜂盗抢中华蜜蜂。

八、南方地区中华蜜蜂的夏季管理

夏季是北方中华蜜蜂收获的季节，南方中华蜜蜂则是最困难的时期。此时，气候炎热、蜜粉源缺乏，胡蜂危害严重。为了保存蜂群实力，给秋繁和秋末冬初枵属、野坝子、鸭脚木等主要蜜粉源大丰收奠定基础。要使蜂群顺利越夏，应做好下列各项工作。

1. 利用新蜂王越夏

6月份，乌桕、山乌桕开花泌蜜，可利用海拔落差，实施到高山小转地饲养，即可避暑，也可利用强群采蜜，延长贮蜜时间，取百花特种成熟蜜。蜜源末期，换掉老蜂王，利用新蜂王越夏。新蜂王产卵力强，夏末秋初一旦外界有零星蜜粉源开花泌蜜，工蜂即采集，蜂王可迅速恢复产卵，使群势快速增殖。

2. 保持3脾蜂、维持强群

超过3脾蜂的蜂群抗逆力强，蜂王不停产，能维持一定程度的繁殖数量。

3. 保持巢内蜜粉充足

南方山区，海拔落差大，立体气候明显，可将蜂群转移至乌桕、山乌桕，以及山花不断的地区，末期取的蜜大部分留作饲料。

4. 利用优质巢脾越夏

抽出 1 日脾、劣脾，留春季造的新巢脾。蜂王喜欢在新脾上产卵，不易停产，也能防止巢虫为害。

5. 防止蜂群飞逃

夏季会出现蜂群飞逃。最好利用框式隔王栅分大小区饲养，关严大巢门，让工蜂通过隔王栅从小巢门出入，这样蜂王不能飞出，蜂群不易飞逃，也可防止西蜂盗抢中华蜜蜂。

6. 给蜂群遮阴、洒水降温

暑天炎热，蜂箱不能在烈日下暴晒，要搭凉棚，摆放在通风凉爽的地方；建立高山养蜂场，实施小转地；中午往蜂场、蜂箱上洒水降温；蜂场上要设喂水器，减少工蜂采水、扇风力度。

7. 消灭蜂群敌害

在蜂场扑打、消灭胡蜂，寻找、焚烧胡蜂蜂巢，勤打扫箱底，保持蜂脾相称，防止巢虫为害；防范蟾蜍、蜥蜴、蚂蚁等敌害为害蜂群。

第三节　中华蜜蜂秋季饲养管理

秋季是养蜂年的开端，越冬蜂的培育要从秋季开始，进入秋季以后，外界蜜源逐渐减少，蜂群管理由蜂产品生产逐步转向蜂群越冬准备。秋季蜂群管理是蜂群能否越冬的重要环节，也是春季蜂群恢复的基础，更是防治病虫害的黄金时期。

蜂群的秋繁期一般始于当地一年中的最后一个花期，秋繁需要 21～30d，一般以 21d 为好。有零星蜜源的长江以南地区，越冬蜂繁殖一般在 10～11 月。为确保该阶段繁殖出量多、质优的越冬蜂，入秋后，必须加强蜜蜂健康保护和饲养管理工作。工作内容包括培育越冬蜂、适时断子、贮备好越冬饲料、防治巢虫、防止盗蜂和胡蜂的危害等。

一、培育越冬蜂

所谓适龄越冬蜂，是指没有参加过采集活动和进行过排泄飞行的工蜂。蜂群中适龄越冬蜂多，则越冬安全，饲料消耗少，来春群势发展快；反之，则越冬困难，工蜂提前死亡，春季繁殖也缓慢。在秋末羽化出来，经过排泄飞行，但尚未参与采集活动的蜜蜂是越冬的适龄蜂，它既保持了生理青春，又能忍受越冬时长期困在巢内的生活。适龄蜂越多，越冬期就越安全，因此在最后一个蜜源期，应大力培育越冬适龄蜂。

1. 及时更换蜂王

1 年龄蜂王的停卵期比 2 年龄蜂王迟，且产卵量大，蜂群子脾充沛，因此在秋季最后一个蜜源期，应及时将老劣蜂王换掉，充分利用新产卵蜂王培育优良的越冬适龄蜂。

2. 扩大产卵圈

要及时把压缩产卵圈的封盖蜜取出，调整子脾与蜜脾数量，以扩大产卵圈多培育蜜蜂。

3. 奖励饲喂

即使还处在流蜜阶段，也必须进行奖励饲喂，以促进蜂王积极产卵。可用成熟蜂蜜两份或白糖 1 份，兑净水 1 份进行调制，每日每群喂给 0.5～1kg，至少隔一天喂 1 次，以贮蜜不压缩产卵为止。奖励饲喂应在夜晚进行，严防发生盗蜂。

4. 适当密集群势

在流蜜期结束后，随着蜜蜂的减少，应及时抽出多余的巢脾，保持蜂脾相称（一足框蜂放 1 个巢脾）。

5. 适当保温

秋季日夜温差很大，为避免夜间温度过低，影响产卵，可在副盖上和巢箱底加保温物，箱盖上面最好盖上枯草，早、晚应把巢门适当缩小，中午放大，以调节巢温。

二、适时断子

当子脾的面积开始缩小时，停止奖励饲喂，到了封盖子脾已经很小时，强迫蜂王停止产卵，而且把仅有的少量卵虫用糖浆浇灌处理掉，这样既可以保存蜜蜂的实力，减少贮蜜消耗，又可避免蜂群内出现来不及排泄飞行的幼蜂。强迫蜂王停止产卵的方法是：拆除保温物，扩大蜂路到 15～20mm，降低巢内温度；或者给蜂群大量喂糖浆，以蜜压脾促使断子；或者用嵌脾蜂王笼把蜂王幽禁起来，强制断子。

三、贮备好越冬饲料

充足优质的饲料是蜂群安全越冬的重要条件。一般每足框蜂应留 1～1.5 框的蜜脾。

1. 贮藏巢脾

秋季从蜂群中抽出的巢脾，要用刮刀刮净巢脾上的蜡屑，用快刀削平突起的房壁，再用 5% 的新洁而灭水溶液喷雾消毒，待药液风干后存放，妥善保管。贮藏巢脾一般用继箱，每箱放 8 个，根据巢脾质量好坏，将蜜脾、半蜜脾、粉脾、空脾、半成脾等分别存放，贮藏前用硫磺或二硫化碳熏蒸 2～3 次。用硫磺熏蒸的，每 10 个巢脾用充分燃烧的硫磺 3～5g，每次熏 4h，有条件的可建结构密闭、便于熏蒸和防鼠的贮藏室，室内设放巢脾的架子，能有紫外线消毒设备则更好。

2. 在最后一个主要流蜜期取蜜方法

第一次取蜜时，每群蜂选留 4～5 框蜜脾，放在巢脾的外侧，并加宽蜂路，使蜂蜜封盖。如果第一次取蜜时所选留的蜜脾还不够，第二次取蜜时则应再留些蜜脾封盖后，提出保存，往蜂群内补进空脾。

3. 对秋季饲料贮备不足的蜂群，在蜂王停止产卵或者产卵下坡后，进行补助饲喂

不同地区饲喂时间也不相同，饲喂的时间不能太长，最多三四天内喂足。

四、做好防治病虫害工作

巢虫是影响我国养蜂业的主要病种之一。抓住晚秋蜂群内无封盖子脾或封盖子脾少的有利时期是提高治疗效果的关键。常用硫黄粉熏烟的方法：可将撤出来的巢脾装入空继箱，然后将 2～3 只继箱叠在一起，下面加一个空巢箱，四周用纸糊严，用适量硫黄粉点燃熏烟，一次 3min 以上，可隔 5d 再熏一次。要注意子脾成熟与否，防止幼蜂中毒。

在贮备越冬饲料时，加喂防治幼虫病和孢子虫的特效药物，如抗生素、磺胺类及烟曲霉素等。如用病毒灵可按每框蜂低于 1 片的剂量，调入糖浆喂蜂。这对来年春季蜂群顺利发展有很大的作用。

此外，还要注意避风防潮及巢内通气工作。秋末在太阳照射下气温会升高，会刺激蜜蜂出巢。因此要随时注意气温的变化，当气温升高时，应采取遮阴措施加以防范，防止蜜蜂出巢。由于秋末蜜源已尽，蜜蜂这时出勤不仅徒劳，而且对明年春季的自身健康和产量提高不利。

五、做好防止盗蜂等其他管理工作

秋季，特别是深秋，蜜源缺乏，比较容易发生盗蜂，还易发生胡蜂危害。一旦发生盗蜂或胡蜂危害，蜂群会造成很大损伤。盗蜂还易传播蜜蜂疾病，因此养蜂人员要做好预防工作。另外遇到低温要注意巢内保温，适当缩小巢门，保持蜂数适当密集。喂饲、检查蜂群等工作应早晚进行，并注意不要将糖汁或蜜水滴于箱外，尤其带蜜的巢脾和盛蜜容器等要妥善保存，勿使蜜蜂接触到，以免引起盗蜂。容易发生胡蜂危害的地区，每在盗蜂易出入的时间，要特别注意到蜂场观察并扑打巢门前出现的胡蜂。

六、秋季茶花期管理

茶花在南方地区面积大，花期长，茶花粉是培育越冬蜂的优良粉源，但茶花蜜却会引起幼虫和成蜂中毒，造成烂子。茶花是全年最后的一个蜜粉源，一旦烂掉，至关重要的越冬适龄蜂的子脾就会造成重大损失。因此，要认真做好以防茶花烂子为中心的管理工作，充分利用宝贵的茶花花粉来培育越冬蜂和贮备花粉脾。

1. 培育采集蜂

在采茶花粉之前应培育足够的采集蜂。要先在蜜源初中期造新脾供蜂王产卵，把造好的新脾放入巢箱内，再把老脾调到继箱中，以便后期处理。每箱蜂可造 2～3 个新脾供蜂王产卵，这时巢箱内的子脾应保持不超过 6 脾。到茶花后期，可根据蜂群情况把继箱上的老脾撤掉。等到新脾上工蜂出房，蜂群繁殖成强群，茶花期就能获得花粉高产。

2. 防止茶花烂子

蜜蜂采茶花烂子的主要原因是：茶花蜜含有不适合幼虫消化的物质，幼虫食后会引起消化不良而死亡。为此，在茶花流蜜期采用冲淡茶蜜浓度、减少进蜜数量、喂食药物等方法减轻或防止中毒。在茶花进蜜时，每晚喂饲料，如果天气晴好，进蜜多，就要相应增加喂饲量。用冲淡茶蜜浓度的办法来减少消化的物质，原则是进蜜越多，饲喂越多。每天喂饲要分 2 次进行，即进蜜开始和傍晚各喂一次，雨天或下霜后可以不喂或少喂。也可以饲喂含米醋或柠檬酸的饲料，在每 100kg 糖水中加入 2～3kg 的米醋或柠檬酸。米醋是指用大米做的醋，不能用化学醋（即白醋）。要及时摇出巢内茶花蜜，尽量减少积存。在茶花流蜜期结束，必须摇出全部茶花蜜，另喂优质白砂糖或蜂蜜，也可用预留的蜜脾调茶花蜜脾，绝不能用茶花蜜作越冬饲料，否则越冬期会出现大肚病。另外，场地应选择既有茶花又有山花或其他蜜源的地方，使蜜蜂采集多种粉蜜，而减少蜂巢中的茶蜜成分。

3. 多采花粉

茶花期蜂群会粉压子脾，导致巢中卵虫少，蜜蜂采集的茶花蜜集中喂少量幼虫，以致中毒严重，因此要用脱粉器，多生产茶花粉。一般用孔径为 4.3mm 的脱粉器，脱粉多，巢内花粉少。但由于孔径小，会使蜂身体受伤，影响工蜂寿命。部分蜂场以孔径 4.3mm 脱粉器，脱粉多，中后期改用 4.7mm 脱粉器适量脱花粉做到少伤蜂，蜂巢内有适量的花粉供繁殖需要，蜜蜂采粉积极，花粉总产量高。

4. 适时育王、囚王培育越冬蜂

因茶花期天气干燥，这个时期繁殖与春季相反，春繁蜂巢要防潮湿，而茶花期繁殖蜂巢要补湿。若幼虫出现不饱满现象，可将草浸湿，放在箱内隔板外补湿。茶花期培育适龄越冬蜂的关键措施是适时育王、囚王。长江中下游地区，最佳适龄越冬蜂是茶花期 11 月初至 12 月上旬蜂王产的卵。此时气候适宜、蜜粉丰富，幼虫营养充足，先天发育良好。新蜂出房时，巢内已断子，并留足优质的蜜粉饲料，它们吃足蜜粉，不需哺育、酿造，未经过采集活动又进行飞翔排泄，因而度过一个多月的越冬期，到次年开始繁殖时，虽是越冬蜂，却哺育力强，为春繁奠定基础。10 月初，茶花开始流蜜吐粉，并有山花开花，外界气候适宜，巢内蜜粉充足，这时可开始育王，到 10 月底交尾成功后，11 月初开始产卵，到 12 月上旬囚王停产。应注意让蜂王逐渐停产，慢慢适应囚王生活，以避免因蜂王在旺产时立即用王笼囚王所造成的生殖障碍。可在 11 月底有意让粉蜜压子圈，促王缩腹少产。

七、传统中华蜜蜂的蜂蜜收取

依据我国地区不同，蜜源植物花期，丰富度不同，中华蜜蜂的蜂蜜一般在中秋至早冬期间收取。

中华蜜蜂饲养，许多地方仍在使用老式蜂箱，也算是国粹，有树洞、墙洞，有的是桶、有的是坛、有的是箱子。这种养法的特点是：只给蜜蜂一段中空的空间，做巢住在里面，等于一间空房子，房子里面的装修和家具，全部要靠蜜蜂自己去造。这种养法，一般一年只能割一次或两次蜂蜜。由于采酿的时期不同，所以每一批土蜂蜜的颜色、口感、结晶状态都会有区别，这是天然蜂蜜的特性。老式蜂箱里，最先成熟的是最上面的蜂巢。当最上面一层蜂巢储满了蜂蜜之后，蜜蜂会在下面的一层重新筑巢、繁殖、储存蜂蜜。当这一层又储满了蜂蜜之后，继续往下面发展，在第三层重新筑巢。这个蜂巢从蜜蜂开始筑巢到成熟，一般需要较长时机，这就是老蜂巢。而把这一层成熟的蜂巢割下来，破坏掉整个蜂巢，把里面的蜜用纱布沥出来，这就是老式割蜜。因为蜂巢和边框连在一起，无法单独把蜂巢取出来，需要用刀把蜂巢割下来，所以叫割蜜。由于蜂巢已被破坏，所以，蜜蜂只能重新筑巢。每筑一个巢脾，大概需要用去 3～5kg 的蜂蜜、0.8kg 左右的花粉。不像活框养法，里面的巢脾可以拿出来，到摇蜜机里去单独把蜜摇出来，蜂巢可以放回蜂箱，蜜蜂可以接着用，无需重新筑巢，可提高效率和产量。但近几年，随着环境的恢复和人们对自然的崇尚，地道的原生态土蜂蜜采用最原始的取蜜方法，老式割蜜法得到发展。

土蜂对零星蜜源植物有很强的采集力，采蜜期长，适应性和抗病能力也比意蜂强，非常适合中国山区定地饲养。在南方的深山老林之中，还保留着这种养蜂方法。土蜂蜜是由中华蜜蜂采集深山野花酿造而成，含有冬桂蜜、板栗蜜、鸡爪梨蜜、紫云英蜜、乌桕蜜、金橘蜜以及无数不知名的小蜜源，也叫野山蜂蜜，是利用野生中华蜜蜂的生活特性采集酿成的。土蜂蜜酿蜜周期长、自然成熟、口感好，产量稀少，极为珍贵，营养价值比普通蜂蜜高，是真正的蜜中精品，具有其他蜂蜜不能与之媲美的特殊功效。《本草纲目》中记述其对人体健康价值高，是药引的首选蜜，堪称"蜜中精品"，也由于酿蜜周期长、蜜源稀少被誉为"蜜中之王"。因此也就有：①老式割蜜：蜜中含有柑橘、橙花、桔梗、油菜花、紫云英、荆花等多种花源，还有一些不知名字的小蜜源。土蜂酿蜜的特点是，不仅酿大的蜜源，还会酿一些小的蜜源。这些蜜源非常珍贵的，意大利蜂不会采，土蜂会去采。土蜂酿的蜜香甜顺滑。②百花蜜：百花蜜采于春天的百花丛中，集百花之精华。百花蜜清香甜润，营养滋补，消热解毒，润肠通便，有安五脏、补不足等功效，是传统蜂蜜品种。蜜色泽深。

割蜜：一般等到蜂蜜装满蜂巢后就可以割蜜了。年景好的时候，一年可以割两三次蜜，多数情况一年只割一次。一桶蜂巢蜜多的时候有 5kg 左右，蜜少的时候也有 2～3kg，这与蜜源多少、蜂群强弱、蜂箱大小等因素有关。

传统的割蜜方法也很独特，因为中华蜜蜂的养蜂用具形式多样，割蜜方式也有不同，以桶蜂为例，割蜜具体操作如下：

（1）先准备好割蜜的工具：竹片、鹅羽毛、布、锥子、扁竹奁、铁钩等。

（2）接着把布平铺在地上，将蜂桶放倒平躺，用扁竹奁盖住蜂桶的大口，再赶紧用布把扁竹奁和蜂桶包起来，以防蜜蜂见光跑走或蜇人，用竹片敲打蜂桶，把蜜蜂赶到扁竹奁里去，之后再用鹅羽毛将藏在桶边的蜜蜂赶走。

（3）蜜蜂赶完后，立刻用绳子把包着扁竹奁（里面裹着蜜蜂）的布包扎好，将其放好（最好插放在一个预先准备的圆形桶中），这样蜜蜂就保护好了。然后再用锥子将蜂桶中作为隔层的竹筷子敲出来，取出隔层里的棕叶和稻草，小心地把蜂窝取出来，用铁钩将蜂窝中的蜂蜜表层钩破引流出来，盛在盘子里。整个过程大概需要 1～2h。割完蜂蜜后，再把隔层、蜂窝依次原样装好，放回原处，再将布袋松口放出蜜蜂。

（4）过滤：割下来的蜂蜜一般要让其在一种特制的筛蜜篮子里过滤一次，把杂质剔除掉。

（5）罐装：将过滤后的蜂蜜装进瓶或罐中便可以储存起来了。

第四节　中华蜜蜂冬季饲养管理

冬天天气冷定以后，白天气温低于 10℃时蜜蜂就停止飞翔。箱内的蜜蜂开始结团，强群比弱群结团迟些。只要有较多的适龄越冬蜂，并有充足的饲料，用蜜脾给蜂群布置好蜂巢，做好蜂巢内外的保温包装工作，保持安静，蜂群就可以安全越冬。

一、越冬蜂巢的布置

越冬蜂巢总的要求是蜂数适当密集，便于结团，放置的蜜脾要求整齐、浅褐色。单王群越冬一般中间放 2～3 张重量较轻的小蜜脾，两侧各放 1～2 张大蜜脾。在寒冷地区可用缩减蜂巢，放宽蜂路的布置法，巢内全部放大蜜脾，蜂路放大到 15mm，使蜜蜂充满在蜂路上直到下面边框为止。布置越冬蜂形成一个大蜂团，有利于冬季保温和春季蜂王产卵。继箱越冬 8 框足蜂以上的强群，继箱内放大蜜脾，巢箱内放小蜜脾和空脾。冬季蜂团开始结在巢继箱之间，随着蜜的消耗，蜂团逐步移到继箱内。

二、巢内保温

冬季蜂巢内视地区和群势进行适当的保温，巢内保温，一般在蜜脾外放保温隔板，外侧放保温框或草、棉等保温物，纱盖上面盖几张保温吸湿良好的纸或盖布，再在上面用草蒲和棉垫等保温物；盖好箱盖，蜂箱的纱窗、缝隙等要糊严。

三、室外越冬的保温外包装

室外越冬的蜂群，在地面结冰以后要进行保温外包装。室外越冬场地，应选择背风向阳、比较干燥的地方，包装一般用草帘把蜂箱的左右和后面围住，箱底垫草，箱间、箱盖上面和蜂箱后面视温度再加草或草垫，冬季气温不低于－15℃的地区，蜂箱前面不需包装，气温低于－15℃的地区，蜂箱的前面除只留巢门通气外也要用草帘等包装，严冬再用培雪、培土等方法加强保温。室外越冬管理得好，蜂群基本上不受闷伤热，不患痢病，耗料少，死亡率低，蜂群春季增殖快。目前严寒地区也多采用室外越冬。

四、越冬蜂群的管理

越冬蜂群既要注意保温，又要注意空气流通，防止蜂群受闷，一般来说宁冷不热。巢门除继箱越冬群外，要适当大些，或长一点、低一点。在没有蜂团一侧，把后箱角纱盖上的覆布或纸折起一角以便通气。越冬蜂巢整理好后，要尽量保持蜂群安静，不要轻易开箱检查，晴天要给蜂群遮阴，可用木板条、棉絮等物轻轻地挡在巢门外，防止蜜蜂受阳光刺激飞出巢冻死。冬季每十天左右，养蜂人员用铁丝钩把箱底死蜂掏出，防止堵住巢门，逐群进行箱外观察，听蜂团的声音，看巢门内外是否有水气，检查死蜂是否腹部胀大、潮湿，以判断蜂群是否受冻、受闷，是否消化不良等。

五、蜂群冬季管理六要领

蜂群冬季管理得好，能大大提高安全越冬蜂群率，要着重抓好以下六要领：

1. 温、湿度

蜂群能否安全越冬，适宜的温、湿度是非常关键的。一般蜂箱内的温度保持在 14～18℃ 为宜。温度过高，蜂群活动量大，食量和粪便都将增加，长期下去，体力消耗过大，形成早衰，甚至要发生死亡；温度过低也会使蜂群加强活动，造成下痢和死亡。冬季蜂箱内的相对湿度应保持在 75％ 左右。

2. 饲料食量

一般每桶（箱）冬季应放给约 1.5kg 的优质饲料蜜，足可保证蜂群越冬期间的需要。

3. 强群管理

一般把 5 框蜂以上的蜂群称强群。冬季可以把弱群组成双王群或多群一箱，不仅可以贮备蜂王，同时还具有省饲料、抗寒力强、春季恢复快、死蜂少、冬季安全等特点。

4. 环境宁静黑暗

冬季蜂箱的震动和光亮会扰乱蜂群的生活。蜂箱多次震动和开头增光，可使蜂群食量增加、肠内的积便增多，影响寿命，于蜂群不利。冬季应尽量少开头蜂箱，减少震动、增光，保持环境宁静黑暗。

5. 通风防害

冬季蜂群应防鼠害，注意蜂巢通风。如让老鼠钻进蜂箱，将会造成巢脾毁坏，蜂群散乱等情况。

6. 严格消毒

冬季蜂箱内比较空闲，此时应抓紧对蜂箱、蜂具的消毒工作。对蜂箱、巢础可用石灰水浸泡，也可用福尔马林熏蒸。对被病虫害污染过的场地、用具，更应严格消毒。

六、冬季蜜蜂十防

1. 防寒

蜜蜂处在 −2℃以下气温中，活动量也会增大，主要是不停地摆腹，既要消耗大量饲料，又会造成工蜂老化，缩短寿命。这时要填补箱缝和孔洞，夜晚箱上要盖草帘子并把巢门关小，白天要多晒太阳。

2. 防热

蜜蜂越冬的适宜温度是 2～8℃。它们在蜂箱内结团，靠食蜂蜜维持生活。越冬期气温在 8℃以上时，蜜蜂活动量增大，饲料消耗多，工蜂老化快，影响春繁。因此，当温度高于 8℃时，可采用通风、洒水等方法降温。

3. 防干燥

在长期无雪、雨的干燥冬季里，可在蜂场内适当喷水，增加湿度，缓解蜜蜂燥渴。

4. 潮湿

冬季蜂箱内最佳湿度为 70％～80％。湿度超过 80％，饲料吸湿变稀，易变质，蜜蜂食后易患大肚病和下痢。当湿度较大时，蜂箱下应放一层塑料薄膜，或在蜂箱周围撒生石灰、干炉渣。在 10℃ 以上的晴朗天气，可有计划地让蜜蜂出巢排泄、爽飞。

5. 防闷

蜜蜂在箱内时刻离不开新鲜空气，要防止死蜂、杂物堵塞巢门，闷死蜂群。大雪天，更要防止飞雪将巢门封闭。

6. 要防鼠害

蜂箱要定期消毒，保持清洁。冬季，老鼠会啃箱、吃蜂、毁巢。在蜂场发现有老鼠活动，要及时捕杀。

7. 防震

蜜蜂喜欢安静，怕震动，尤其在越冬后期，蜜蜂体质很弱，腹内积粪难以忍受，若受震动，会造成死亡。因此，在蜂场内严禁滚动重物，碰撞蜂箱、敲击器械和放鞭炮。

8. 防饥饿

整个越冬期的饲料是否质优、量足，是蜜蜂越冬的关键。优质饲料，蜜蜂食后大部分消化吸收，蜂群安静稳定，寿命长。春繁迅速，不春衰。优质饲料应在秋末提取封盖蜜脾备用。

9. 防饲料结晶

酿造不充分的糖液和部分蜂蜜易结晶。饲料结晶就无法食用。防结晶的方法：一是用优质蜜作饲料，如槐花蜜、枣花蜜等；二是用白糖液作饲料，在入冬前饲喂。

10. 防光照

蜜蜂具有趋光性。在冬季，蜂场要适量遮盖光，尽量减少蜜蜂空飞。

第五章　蜂产品生产技术

养蜂主要目的是获取较高的经济效益和社会效益。获得经济效益主要是取决于蜜蜂产品，包括蜂蜜、蜂花粉、蜂蛹、蜂毒等。

第一节　蜂蜜的生产

蜂蜜，是昆虫蜜蜂从开花植物的花中采得的花蜜在蜂巢中酿制的蜜。蜜蜂从植物的花中采取含水量约为80％的花蜜或分泌物，存入自己第二个胃中，在体内转化酶的作用下经过30min的发酵，回到蜂巢中吐出，蜂巢内温度经常保持在35℃左右。经过一段时间，水分蒸发，成为水分含量少于20％的蜂蜜，存贮到巢洞中，用蜂蜡密封。

蜂蜜的成分除了葡萄糖、果糖之外，还含有各种维生素、矿物质和氨基酸。1kg的蜂蜜含有2 940cal的热量。蜂蜜是糖的过饱和溶液，低温时会产生结晶，生成结晶的是葡萄糖，不产生结晶的部分主要是果糖。

一、蜂蜜常见种类

中华蜜蜂生产百花蜜，根据季节和取蜜时间，也有相对含量多的夏季蜜、秋季蜜、冬季蜜、椴树蜜、山乌桕蜜、野桂花蜜、野坝子蜜、益母草蜜、洋槐蜜、野菊花蜜、荞麦蜜、五味子蜜、荔枝蜜等。

二、蜂蜜生产技术

取蜜的基本原则为"初期早取，中期稳取，后期少取"。在大流蜜期开始后取蜜可以刺激蜜蜂外出采集的积极性，有利于提高蜂蜜的产量。但是过早过勤地采收，会影响蜂蜜的成熟度，使采收下来的蜂蜜含水量高，酶值低，而且容易发酵变质，不耐久存。在流蜜期，当蜜脾上有 1/3 以上的巢房封盖时就可以采收蜂蜜了。流蜜后期则要少取多留，保证蜂群有足够的饲料贮备。为了保证蜂蜜的质量应注意在流蜜期不要见蜜就摇，即不要每次取蜜时不管虫脾还是蛹脾，蜜脾或是半蜜脾，全部摇光，片面追求蜂蜜的产量会影响蜂群的正常繁殖。

在中华蜜蜂养殖过程中，一年内只采收蜂蜜 1～2 次，可获取成熟度高、水分含量低、质量好的蜂蜜，并且能减少对蜂群正常生活的干扰。随着国内蜂产品消费市场的日益成熟，广大消费者对蜂蜜质量的要求越来越高，生产成熟蜜已逐渐成为主要趋势。

（一）蜂蜜生产群的组织

（1）培育适龄采集蜂在当地主要流蜜期前 40 天开始培育，蜜源不充足时奖励饲喂，培育适龄采集蜂。

（2）准备巢脾在大流蜜期，一个生产群要准备 18 张巢脾供产卵和储蜜用。这些巢脾要预先准备好，利用辅助蜜源多造脾、早造脾，不但能增产蜂蜡，还可减少分蜂热，促进蜂王多产卵。

（3）组织采蜜群在流蜜期 15 天前，从辅助群提出封盖子脾，调入生产群。

（4）调整蜂群在流蜜期开始前调整蜂群，将未封盖子脾放入巢箱，适当加入空巢脾、卵虫脾、粉脾和巢础框。其余封盖子脾放入继箱，补加空脾。

（二）采蜜群的管理

流蜜初期在每天拂晓前用该蜜源的蜜水饲喂，每群约 100～200g，以引导蜜蜂提前上花采集。当主要蜜源流蜜期在 12 天左右且以后没有主要蜜源时，要在流蜜期前 10 天开始限制蜂王产卵，直至蜜源结束为止，以便工蜂集中力量采蜜和酿蜜，夺取蜂蜜高产；当主要流蜜期在 30 天以上仍有主要蜜源流蜜时，适当限制蜂王产卵，采取采蜜繁殖并举的饲养方式。

（三）取蜜的操作

目前，我国养蜂业中生产的商品蜂蜜主要有分离蜜和巢蜜两种形式，这里主要介绍分离蜜的采集方法。取蜜工具有起刮刀、喷烟器、蜂帚、割蜜刀、分蜜机、滤蜜器、盛蜜容器等。检查所需的工具准备齐全后，将所有与蜂蜜接触的器具清洗干净，晾干待用。

分离蜜的生产过程包括以下几个步骤。

（1）采蜜前的准备时间。提取蜜脾进行采收蜂蜜一般在蜜蜂飞出采集之前的清晨进行，在上午大量采集蜂开始出巢活动前结束，以尽量避免当天采集的花蜜混入提出的蜜脾中，影响蜂蜜的质量。在外界温度较低时取蜜，如中华蜜蜂采收冬蜜时，为了避免过多地影响巢温和蜂子的正常发育，可以在气温较高的午后进行取蜜操作。

采蜜地点选择有以下两种。

①室内摇蜜。如果蜂箱距离房屋较近，运送蜜脾方便或者在室外摇蜜容易引起盗蜂时，采收蜂蜜适合在洁净的室内进行，可以有效防止外界的灰尘污染，保证取蜜环境的卫生。如果备有专门的取蜜车间，应在室内装备自来水龙头，安置一个简易的割蜜盖台，把相关的设备按照操作习惯进行摆放，并将取蜜车间清扫、擦洗干净。

②室外摇蜜。在天气较好、蜜源充足时可以在蜂场中进行露天摇蜜，特别是蜂场的条件较为简陋时，取蜜操作可以在蜂箱附

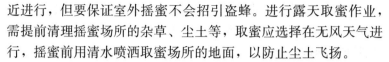

近进行,但要保证室外摇蜜不会招引盗蜂。进行露天取蜜作业,需提前清理摇蜜场所的杂草、尘土等,取蜜应选择在无风天气进行,摇蜜前用清水喷洒取蜜场所的地面,以防止尘土飞扬。

(2)分离蜜的采收工序。我国的养蜂场规模相对较小,蜂蜜生产中机械化程度较低,目前多数蜂场主要采用手工操作取蜜的模式。蜂蜜生产中一般需要3人互相配合,1人负责开箱抽脾脱蜂,1人负责切割蜜盖、操作摇蜜机、分离蜂蜜,另外1人负责传送巢脾、把空脾放回原箱、回复蜂群。分离蜜的采收主要包括脱蜂、切割蜜盖、摇取蜂蜜、过滤和分装等工序。

①脱蜂。在自然状态下,蜜蜂会附着在蜂群中的巢脾上。采收蜂蜜时,将蜂群中可以摇蜜的蜜脾定准后首先应将蜜脾上附着的蜜蜂脱掉,即脱蜂。脱蜂的方法有抖脾脱蜂、脱蜂板脱蜂、驱避剂脱蜂、吹蜂机脱蜂等方法。

抖脾脱蜂:手工抖蜂时,首先提出蜜脾,双手握紧蜜脾的框耳部分,依手腕的力量将蜜脾突然上下迅速抖动3~5下,使蜜蜂离脾跌落入蜂箱的空处。抖蜂完成后,蜜脾上剩余的少量蜜蜂可使用蜂刷轻轻将其扫落到蜂箱。把完全脱掉蜜蜂的蜜脾,放入准备好的空继套中,把继箱套运到取蜜场所,摇完蜜的空脾及时回复到蜂群。

脱蜂注意事项,在无盗蜂的情况下,如果蜂群中巢脾满箱,脱蜂前可先提1~2张蜜脾靠放在蜂箱外侧,使蜂箱中空出一定的空间便于抖蜂和移动剩余的蜜脾。抖蜂过程中要注意保持蜜脾呈垂直状态,不要把巢脾提得过高,以免将蜂抖到箱外。提出和抖动巢脾时,注意不要碰撞蜂箱壁和其他的巢脾,以免挤压蜜蜂。

中华蜜蜂进行平箱取蜜时,先要找到蜂王,把蜂王所在的巢脾靠到一边,以防挤伤蜂王。如果蜂群性情凶暴,可用喷烟器进行喷烟镇服蜜蜂,但使用喷烟器时,应注意不要将烟灰喷入蜂箱内,以免污染蜂蜜。

②切割蜜盖。采集蜂采回花蜜，经内勤蜂的加工酿造后贮存在巢房中，并用蜂蜡将蜜房封盖，因此，脱蜂后需先把蜜盖切除才能进行蜂蜜的分离。切割蜜盖可通过手工切割和机械电动切割进行。目前我国的养蜂场主要采用普通冷式割蜜刀进行。

切割蜜盖时，一只手握住巢脾的一个框耳，将另一个框耳置于支撑物或割蜜盖台面上，将巢脾垂直竖起，用锋利的割蜜刀沾热水自下向上拉锯式徐徐将蜜盖割下，注意不要从上往下割，以避免割下的带蜜蜡盖拉坏巢房。在割除蜜盖的同时可将蜜脾上的赘蜡、巢房的加高部分割除。切割下来的蜜盖和赘脾使用干净的容器盛放，待蜂蜜采收完成后，将蜜盖和赘脾放置在尼龙纱上静置，滤出里面的蜂蜜。

③摇取蜂蜜。分离蜂蜜工作应在清洁、能防止蜜蜂钻入的房间内进行，把分蜜机（这里介绍的是常用的手动摇蜜机）固定住，以免在分离蜂蜜时分蜜机剧烈晃动。将封盖蜜房的房盖割去、重量相似的蜜脾放入分蜜机的框架内，巢脾的上梁方向相反，以保持摇蜜机的平衡，摇蜜机的转向应背着巢房的斜度进行，以便于蜂蜜和巢脾的分离。注意在转动摇蜜机的过程中用力要均匀，转速不能过快，以防止巢脾断裂损坏。蜜脾一侧的贮蜜摇取完成后，要将巢脾翻转，以摇取另一侧巢房中的贮蜜。转动分蜜机，把蜂蜜分离出来。

一般不分离子脾的蜂蜜，为了避免蜂蜜压缩蜂王产卵面积，需要分离子脾的蜂蜜时，要注意避免碰压脾面，放慢转速，以免甩出幼虫。

④过滤和分装。分离出来的蜂蜜往往含有死蜂及其幼虫、蜡屑等，在蜜桶上口放置双层过滤网，除去蜂蜜中的蜂尸、蜂蜡、死蜂和花粉等杂质，蜂蜜集中放置于广口容器中后，其中的细小蜡屑和泡沫会浮到蜂蜜表面，撤除上面的浮沫杂质之后便可将蜂蜜进行分装，置于专用蜜桶中。盛装的蜂蜜桶应使用不锈钢或食品级塑料制造的。

（3）分离蜜的贮存。分离蜜应按蜂蜜的品种、等级分别装。注意不要装得太满，否则在运输过程中容易溢出，高温季节还易受热胀裂蜜桶。成熟蜜装桶后应密封保存，因为蜂蜜具有很强的吸湿性，未成熟的稀薄蜜装入容器后则不应密封，留出蒸发水分、流通气体的余地。储蜜的容器上应贴上标签，注明蜂蜜的品种、产地及采收日期等信息。蜂蜜的贮存场所应清洁卫生、阴凉干燥、避光通风，远离污染源，不得与有毒、有害、有异味的物质同库贮存。

（4）取蜜过程中的应注意卫生问题。在整个摇蜜过程中都要注意保持卫生，保证自然蜂蜜的天然品质。从蜂群中提出的蜜脾或从摇蜜机中取出的空巢脾都不要随手乱放，避免黏附尘土。用完的摇蜜机要及时进行清理，下次使用之前重新冲洗晾干。取蜜后及时清理摇蜜场所，避免发生盗蜂。在蜂场中临时储存盛蜜容器时要有防雨、防晒设施，避免浸入雨水或遭受暴晒升温，并要注意防止蚂蚁等喜食蜂蜜的昆虫进入储蜜容器。

（四）巢蜜采集

巢蜜，蜂蜜筑巢（蜂巢俗称"蜂窝"）后，蜜蜂在蜂巢内将蜂蜜酿制成熟并封上蜡盖形成蜜脾，将整个蜜脾作为一种可以直接食用的蜂蜜产品，既为巢蜜。巢蜜是由蜂巢和蜂蜜两部分组成的一种成熟蜜，它的营养成分和活性物质比普通蜂蜜要高。它具有花源的芳香、醇馥鲜美的滋味。由于巢蜜未经人为加工，不易掺杂做假和污染，较分离蜜酶值含量高，羟甲基糠醛、重金属含量低，所以是比分离蜜更高级的营养性食品。巢蜜含有丰富的生物酶、维生素、多种微量元素，具有较好的保健治病功效，为蜜中极品。

桶式蜂箱的巢蜜采集，一般选择天气较好，蜂巢已经满到箱顶，就地采集原则。将蜂箱轻轻放在平地或架子上，下口略高于上口，有利于蜂蜜流出，利用喷烟器少量喷烟或艾草熏将蜜蜂赶到下口为宜，用不锈钢勺子将巢蜜从蜂箱上刮下来。具体割多少巢蜜，要看季节，蜜源多少，蜂群强弱等情况。割好蜜后，盖上盖（棕），轻轻地将蜂箱抱回原地。割下的巢蜜利用纱布进行过滤，包装即可。

第二节　蜂花粉的生产

花粉是有花植物雄蕊中的雄性生殖细胞，它存在于雄蕊的花药之中。蜂花粉是蜜蜂从花朵上采集的花粉粒，是一种活性物质，对人体有多种保健和治疗作用。由于花粉粒很小，千粒花粉仅重 10mg，只有众多勤劳蜜蜂辛勤采集，人们才能利用这一自然资源。在我国，最常见的蜂花粉有十余种。

一、蜂花粉的种类

1. 油菜花粉

除西藏外，全国各地都有生产。油菜花粉是我国最大宗的蜂花粉，呈黄色，有特殊的青腥味，香味很浓郁。

2. 玉米花粉

主产地为华中、华东、华北、东北和西北等地。花粉团粒较小，呈淡黄色，微带胶质状，味道较淡。

3. 茶花花粉

主产地为华东和云南等地。橙黄色，气味清香，微甜可口。

4. 此外还有向日葵花粉、荞麦花粉、芝麻花粉、瓜花粉、荷花粉等

二、蜂花粉生产技术

1. 花粉采集原理

蜂花粉采收的原理是迫使采集携带花粉团归巢的工蜂，通过一个特定大小的小孔洞进入蜂巢。采粉蜂通过孔洞时，将其后足花粉筐中的花粉团截留下来，然后收集处理。生产花粉期间，蜂

群内应保持充足的贮蜜，如果蜂群贮蜜不足，会使大量采集蜂不去采粉，而是去寻找和采集花蜜。生产花粉时，如果该粉源只有粉而无蜜，对蜂群贮蜜不足的应及时补足饲喂，贮蜜较为充足的，还要对蜂群进行奖励饲喂，以刺激蜂王多产卵，使蜂群幼虫增多，以刺激蜂群的采粉积极性。蜂群中存粉较多的，要同时将群内的花粉脾抽出，妥善保存，使蜂群保持贮粉不足的状态，以激发蜂群采粉的欲望。整个花粉生产期，生产蜂群不得使用任何药物为蜂群防病治病，以防止施药污染花粉。

2. 蜂花粉的采收

（1）蜂花粉采收脱粉器是采收蜂花粉的工具。脱粉器的种类较多。各类脱粉器主要由脱粉板、落粉板和集粉盒构成。在选择脱粉器时，脱粉板的孔径应由饲养蜂种的蜂体大小、脱粉板的材料及加工制造方法决定。用硬塑料等材料制成脱粉板，可选择孔径大些的。用不锈钢丝等材料绕制而成的脱粉板，其孔的边缘比较圆钝，不容易伤害蜜蜂，可选择孔径稍小些的。国内生产蜂花粉所使用的脱粉器的脱粉孔径一般为 4.2～4.5mm。在粉源植物开花季节，当蜂群大量采进蜂花粉时，把组织好的采粉群巢门档取下，在巢门前安装脱粉器进行蜂花粉生产。脱粉器安装前，先将生产群的蜂箱前壁与巢门板擦洗干净。安装工作应在蜜蜂采粉较多时进行。脱粉器的安装应严密，要保证所有进出巢的蜜蜂都通过脱粉孔。为防止因安装脱粉器引起的蜜蜂偏集，生产花粉时，至少同一排的蜂群要同时脱粉。脱粉器放置在蜂箱巢门前的时间长短．可根据蜂群巢内的花粉贮存量，蜂群的日进粉量决定。蜂群采进的花粉数量多，巢内贮粉充足，则脱粉器放置的时间可相对长一些。脱粉的强度以不影响蜂群的正常繁育为度，一般情况下，每天脱粉 2～3h。每天脱粉结束，要及时收取脱下的蜂花粉，拆除脱粉器。脱下的花粉应及时做干燥处理。收取花粉时，动作要轻，以免花粉团破碎。每天脱下的蜂花粉取出后，要将脱粉器具清洗干净，以便下次使用。否则剩到脱粉器中的花粉团，不能及时干燥，易变质，再次使用脱粉器，易污染新生产的蜂花粉。一般来说，在蜜源丰富的季节，蜂蜜生产所获经济效益往往高于蜂花粉生产，因此，在大流蜜期应首先保证蜂群采蜜。流蜜期 10 时、14 时是蜂群采蜜的高峰期，此时不宜安装脱粉器。

（2）蜂花粉的干燥。新采收的蜂花粉含水量很高，一般在20%～30%，采收后的蜂花粉，如果不及时处理，很容易发霉变质。因此，蜂花粉采收后应及时进行干燥处理或冷冻保存。蜂花粉干燥脱水的方法包括日晒干燥、自然风干、烘干箱烘干、变色硅胶干燥、真空冷冻干燥等。

①日晒干燥：将采收下来的新鲜蜂花粉均匀地摊放在干净的纸或布上，厚度不超过 2cm，罩上防蝇防尘纱网，置于阳光下，日晒过程中应勤翻动，翻动时动作轻缓，避免花粉团破碎。如果将花粉摊放在用支架撑起的细纱网上，通风晾晒，干燥效果会更好。这种干燥方法无需特殊设备，被绝大多数蜂场采纳。蜂花粉经过白天的干燥，为防止夜间花粉吸潮，傍晚前需将晾晒后的花粉，装入塑料袋中密封，第 2 天再继续摊晒，直至花粉含水量小于 8%。

②自然风干：将采收到的新鲜蜂花粉摊放在干净的用支架撑起的细尼龙纱网或纱布上，厚度不超过 2cm，罩上防蝇防尘纱网，放在干燥通风处自然风干。如有条件，可用电扇等辅助通风。这种干燥处理方法，需要时间较长，且干燥的程度也不如日晒干燥。该法多用于阴雨天的应急干燥。

③真空冷冻干燥：把新鲜的蜂花粉放入冻干机中，在冷冻状态下，通过抽真空使蜂花粉中所含的水分蒸发。这种干燥方法能最有效地保持蜂花粉的活性，延长蜂花粉的保存期。冻干处理后的蜂花粉，用铝箔复合膜袋真空后充氮包装，能有效保持蜂花粉中的营养成分。但这种干燥方法，设备条件要求高，只适用于专业化加工厂。

（3）蜂花粉的包装贮存。蜂花粉包装材料应清洁、无毒、无异味，符合食品包装材料的卫生标准。包装物要牢固，密封性好，能防潮。干燥处理后的蜂花粉，经手工或过筛除杂后，可放入无毒塑料袋密封，外包装可用纸箱等便于装卸的牢固材料，也可暂时存于密封的陶罐或塑料桶中。蜂花粉应放在干燥、低温、避光、无异味的场所暂存。长期贮存，应放在 4℃以下清洁、无异味的冷库中。

第三节　蜂毒的生产

蜂毒是工蜂毒腺和副腺分泌出的具有芳香气味的一种透明液体，贮存在毒囊中，螫刺时由螫针排出。蜜蜂螫刺内的毒液，主要成分为形成组胺的酶系和低分子蛋白溶血肽及磷酸酯酶。

一、蜂毒的特点

蜂毒是一种透明液体，具有特殊的芳香气味，味苦、呈酸性反应。蜂毒极易溶于水、甘油和酸，不溶于酒精。在严格密封的条件下，即使在常温下，也能保存蜂毒的活性数年不变。

二、蜂毒的药用功效

对风湿性关节炎、类风湿性关节炎、强直性脊柱炎、痛风、神经衰弱、坐骨神经痛、颈椎病、腰椎间盘病变、三叉神经痛、神经炎、偏头痛、支气管哮喘、荨麻疹、过敏性鼻炎、骨关节疼、下肢慢性溃疡、附件炎、盆腔炎、失眠、落枕、挫伤、癌性疼痛等有着显著的治疗效果。

三、蜂毒的生产技术

（1）取毒场地应选择人畜来往较少的蜂场，以免尘土影响蜂毒质量。操作人员与取毒用具要注意清洁卫生，尤其是取毒板要用乙醇消毒，工作时要穿上防护服及防蜂面罩，不要吸烟和使用喷雾器。取毒时切忌打开蜂箱观看，一群蜂取毒完毕，应让蜜蜂安静 10min 后再撤走取毒器。

（2）取毒时间应选在每个流蜜期结束时，因流蜜期取毒，工蜂在排毒的同时会吐蜜，而污染蜂毒。取毒要选在气温不低于15℃、风小的傍晚或晚上（但不要超过 23 时）进行。

（3）取毒的蜂群应选择壮、老年蜂较多的蜂群，因为幼蜂在取毒时容易因电击而受到伤害，也会减少取毒量。

（4）蜂毒有强烈的气味，对人体呼吸道有强烈的刺激性，刮毒时应戴口罩。

（5）取毒后的蜂群应适当奖励饲喂，补充营养，以及时恢复电击后蜜蜂的体质。另外，取过毒的蜂群也不宜马上进行转地，要休息 3～4d，以在蜂群"余怒消除"后再转地为好。

（6）取得的蜂毒要装入深色瓶密封，置低温处保存。

第四节　蜂蜡的生产

蜂蜡也称为黄蜡、蜜蜡。它由工蜂蜡腺细胞分泌，主要用于筑造巢脾的蜡状物质，也是养蜂传统的产品之一。蜂蜡呈淡黄色至黄褐色，常温下为固态，有蜜粉香味。蜂蜡具有绝缘、防腐、防锈、防水、润滑和不裂等特性。因此，蜂蜡广泛应用于光学、电子、机械、轻工、化工、医药、食品、纺织、印染等工业和农业生产。对科学养蜂来说蜂蜡是制造巢础必不可少的原料。所以，在养蜂生产中，应注意蜂蜡的收集和生产。

一、蜂蜡生产措施

按蜜蜂分泌蜂蜡的能力，2 万只蜂一生约能分泌 1kg 蜂蜡。1 个强群 1 年中在春夏季能分泌蜂蜡 5～7.5kg。采取适当措施，可以提高蜂蜡产量：

1. 多造新脾，旧巢脾是制取蜂蜡的主要原料

多淘汰旧脾，多造新脾，造成 1 张新脾可以生产 50～70g 蜡。每年应淘汰 30％的旧脾。

2. 加宽蜂路

在大流蜜期，加宽蜜脾之间的蜂路，蜜蜂就会把蜜脾加厚，取蜜时，把加厚的部分连蜜盖一同割下来，可以增产蜂蜡。

3. 加采蜡框，采蜡框可用巢框改制

在巢框 2/3 高度处钉 1 根横梁，再将上梁拆下，在两侧条的顶端各钉一铁皮框耳，活动框梁放于铁皮框耳上。横梁的上部用来收蜡，只需在上梁下面粘一窄条巢础，蜜蜂就会很快造出自然脾，收割后继续让蜜蜂造脾。横梁下面镶装巢础，修造好的巢脾可供储蜜和育虫。根据蜂群强弱和蜜源条件，每群蜂可放置采蜡框 1～3 个，放于蜜脾之间。

4. 随时收集赘脾、蜡屑、雄蜂房盖和不用的王台

二、提炼化蜡

蜂蜡的提炼，一般都用热滤法，即把旧巢脾从巢框割下后除去铁丝，放入大锅内，锅内添水加热煮沸，然后充分搅拌蜂蜡，溶化后浮在水面。压入铁纱把比蜡液重比水轻的杂质压到锅的底层，把蜡液和杂质分开。把上层带蜡液的水撇出放入盛凉水的容器中。撇干水后锅中的蜡渣可再加水加热煮沸再撇出水和蜡液。如此反复 3 次就可基本提尽蜂蜡。最后把凉水中的蜂蜡集中在一起加热熔化，将蜡液放入盛有温水的容器中静置凝固。蜂蜡完全冷却凝固后取出，刮去下层杂质即可得到纯净的蜂蜡。

加热化蜡时温度不宜太高，一般维持在 85℃，温度过高影响蜂蜡质量也易引起火灾。所以化蜡的过程中，人不能离开。

成品蜂蜡应按质量标准分类用麻袋包装贮存于干燥通风处。因为蜂蜡具有香、甜气味，易受虫蛀和鼠害，平时应注意检查，妥善保管。

第五节 蜂蛹的生产技术

蜂蛹具有高蛋白、低脂肪、多纤维素等特点，被人们视为高级营养食品。据国外报道，蜂蛹中维生素 D 的含量是鱼肝油的 10 倍。更重要的是蜂蛹还有特殊的生物活性物质，其营养价值和疗效已引起世界营养和医疗专家的重视。

一、蜂蛹的生产技术

(一) 蜂蛹生产的基本条件

生产蜂蛹的蜂群，必须是群势强盛密集（10 框蜂以上）、工蜂健康无病，特别是不能有幼虫病和蜂螨；蜂群最好有分蜂的要求；有充足的蜜粉源植物开花，巢内蜜粉饲料充足。

(二) 生产蜂蛹的准备

生产蜂蛹前先要修造整张的专用雄蜂巢脾。造脾时选普通的标准巢框，固定雄蜂巢础。利用主要流蜜期或充足的辅助蜜粉期，将安有雄蜂巢础的巢框加入强群中修造。若外界蜜源不足，要适当进行奖励饲喂，要求修造的雄蜂脾整齐、牢固。一般每群蜂应准备 4 张以上的雄蜂巢脾。此外，还要准备蜂王产卵控制器或框式隔王板、长条割蜜盖刀、承接蜂蛹的托盘（或竹筛）、食品级透明塑料袋（1kg 装）、酒精、冰柜等。

(三) 蜂蛹的生产流程

用一张雄蜂脾在巢箱里让蜂王产 72h，再提到继箱中哺育。这种方法无需另加生产工具，操作简单。

1. 生产蜂蛹的群势

蜂群一般都能生产蜂蛹，但要获得高产必须是强群。强群生产出来的蛹品质好，产量也高。最好的蜂蛹脾采蛹可达 1kg，价值为 52～53 元。

2. 生产蜂蛹的时间

春季生产蜂蛹,重点抓3~7月这4个月的生产期,进入 7~8 月高温缺蜜粉期就停产。

3. 蜂巢布置法

为了让蜂王集中在雄蜂脾上产更多的卵,一般只放 3 张产满的子脾,多余的脾调到继箱内,巢箱加入一张雄蜂脾,3 天后把产好雄蜂卵的脾调入继箱中哺育,调到继箱中的脾重新加到巢箱;另一种方法是把多余的脾调到巢箱靠另一面箱壁,在只放 3 张子脾的一边加入雄蜂脾,72h 后把它提到继箱哺育,靠巢箱两壁的子脾又重新调到一起。

4. 加脾与提脾时间

剪拇指大小的一块胶带,贴在雄蜂脾框梁上,用记号笔写上加脾日期,插入巢箱供蜂王产雄蜂卵,72h 提继箱哺育。第 21天达到要求,一定要提出采收。对蜂蛹的采收日龄要求略有差异,但多在 20~22 日龄。这里有一点要注意:72h 提卵脾时,必须认真查看产卵情况,若产子不多,很可能是加入雄蜂脾后蜂王没有及时到脾上产卵,提脾到继箱可延后一天,框梁上插脾日也应重新改写。

春季外界有蜜粉源,工蜂哺育力提高近 2 倍。为了保持连续生产蜂蛹,提高蜂群的总产量,无蜜期可 16~20d 下一张雄蜂脾。

5. 蜂蛹脾的处理

按生产需要购置不同大小的冰柜1~2 台。冷冻蜂蛹还需一批托盘,略小于冰柜内围尺寸,形状同副盖的正方形框架,一面钉不锈钢网或尼龙筛网,它的用途是放一层蜂蛹,冷冻。为了使冰冻均匀,每个托盘配 2cm 高、2~3cm 宽、长与托盘等同的木条,使叠加冷冻的托盘都架在木条上,有利于冷冻均匀。

从蜂场提回蜂蛹脾,为了便于剔割封盖房,应放入冰柜冻30~60min,割盖时水平放置蛹脾,用木棒敲框梁,使蛹滑到房底，有利于剔割。这里要注意一点：蛹脾在冰柜内冷冻时间不能太长，否则会导致蜂蛹温度低，气温高时割出来的蛹会出"冷汗"。冷冻时容易产生粘连，需用手搓开。商品蜂蛹要保持个体的完整性，在割蛹脾时应一小块一小块地剔割，绝不能采用割蜜脾的方法，否则会把蜂蛹的头给割掉，影响商品率。

割开封盖的蛹脾，一面朝下，对准托盘，用木棒敲框梁，使蛹落在托盘中；也可用双手握蛹脾边条，用框梁敲击托盘边条，脱出房中华蜜蜂蛹，个别出不来的蛹可用镊子取出。托盘内的蜂蛹不得重叠，以一层为好，冷冻时不会产生粘连。

这里要注意一点：每批蜂蛹生产量不得超过冰柜的容量，在购买冰柜时应看说明书。发货时应做到全程不解冻，把装冻蜂蛹的塑料袋放入白色泡沫保鲜箱内装满，外用胶带把箱身密封粘牢。

二、胡蜂蛹的生产技术

这两年，开始关注胡蜂产业，胡蜂蛹价格高，归根结底是供小于求，市场供应量小，供需矛盾差距大。全国 98％以上的胡蜂蛹都是靠采捕野生胡蜂资源得到的，真正意义上的人工培育的所占比例是十分低的。市场需求巨大，人们跨地区的进行胡蜂猎捕，又造成许多地区的野生胡蜂资源枯竭，甚至局部区域灭绝，野生胡蜂一年比一年少，从而又反推蜂蛹价格的持续走高，也可以简单地说，蜂蛹供应的大量短缺，最终是蜂蛹价格的攀升。

胡蜂也叫黄蜂，世界上已知有 5 000 多种，我国记载的有200 余种，在我国分布甚广。胡蜂味甘辛，性温，主治风湿痹痛。蜂房可作中药材，有定痛、驱虫、消肿解毒功效，主治惊痛、风痹、乳痈、牙痛、顽癣、癌症等；胡蜂酒可祛风除湿，治急、慢风湿痛，风湿性关节炎；胡蜂蜂毒可治疗关节炎，药用价值极高，对医疗新产品的研制和生产有着重大意义，现在国际市场上有 20 多种胡蜂蜂毒出售，其价格相当昂贵；此外，胡蜂幼虫和蛹体内营养成分丰富，可开发出各种营养食品。因此，养殖胡蜂具有较高的经济效益和广阔的开发前景。胡蜂一生包括卵、幼虫、蛹和成虫四个虫态，1年发生3代，第1代成虫6月中旬羽化，第2代一般6月中旬至7月上旬发生，第3代7月中旬至8月上中旬羽化，10月下旬交配，开始越冬。雄蜂多在第3代出现，交配后死亡，寿命较短。春季雌蜂单独觅食筑巢，一般将巢筑于树上或树洞中。胡蜂处于食物链的最高端，成虫捕食鳞翅目幼虫、蜜蜂、苍蝇等，并取食果汁及嫩叶。越冬雄蜂有群集性，常抱团越冬，抵御寒气。

蜂蛹是含有多种维生素和微量元素的理想营养食物。蜂蛹既可作为食品，又可作为营养保健品。据资料记载：胡蜂蛹含蛋白质20.3%，脂肪7.5%，碳水化合物19.5%，微量元素0.5%，水分42.7%。近十多年以来，胡蜂蛹的市场销售价格一直在持续攀升，无论是鲜活蜂蛹，还是冰冻蜂蛹，市场销售价格都很坚挺。这几年，胡蜂产业也风生水起，搞人工培育的、胡蜂蛹贩卖的、跨省区的胡蜂猎人等，可谓是人潮涌动，胡蜂蛹的市场供应也是需大于供，其中有个关键性的因素就是季节性影响，每年的12月到次年6月之间，是鲜蜂蛹生产的停滞区，可以称为有需无货期，冰冻蛹除外。

（一）主要饲养设备

（1）越冬巢。模拟野生状态，以整段树木做成，直径30cm以上，长1m左右，直径1～2cm的钻孔，或联通、或阻断，每个越冬巢6～8个钻孔。

（2）蜂笼。木制或用铁纱网制成，体积约为0.03～0.04m^3，使其有充分活动的余地。

（3）蜂棚。大小视采收蜂巢的多少而定，可利用大型玻璃温室、大型厂房或建立专用育蜂棚。蜂棚用铁、木作支架，铁窗纱作围网，一般面积在100m^2左右，高2m，棚内种植易接入昆虫生存的作物，棚的一面留有纱门。棚内要悬挂盛有蜜水等饲料的小盘，使蜂能在放入后取食并自由活动。

（4）蜂箱。用木材做成，边长 15～20cm，上下用薄木板做成盖和底。盖上装有挂钩，四周挂有纱窗，一侧留有活门。

（二）主要饲料

蜂蜜、蜜蜂、苍蝇等。

（三）采集方法

每年 9 月底 10 月初，胡蜂开始脱离旧巢，迁移到适宜的场所群集越冬，此时收集群蜂最为适宜。夜间用捕虫网在群蜂的越冬处收集，养殖在蜂笼中。每个蜂笼放入 300～500 头，并用黑布遮光，放在干燥通风、不受干扰的空室内，减少活动量，促使其提前进入冬眠状态。为避免蜂群脱巢后不易寻找，也可于 9 月中旬在原巢上采收，放入笼或箱中，中午气温高时，在阳光下晒 3～4h，使其活动并取食，推迟休眠期，不但补充了营养，仍能使其安全越冬。胡蜂为半冬眠昆虫，气温降至 5℃ 开始抱团，气温越低，抱团越紧；气温稍高，则抱团松散；温度高于 7℃ 时，便开始散团，越冬后成活率的高低主要与抱团好坏有关，所以，在越冬期间，要经常检查，越冬巢、箱笼 10～15d 进行 1 次抱团情况检查。如果发现散团，应及时降温，加厚遮光外套。

（四）饲养管理

饲养胡蜂的关键问题是：冬季保护雌种蜂安全度过冬季，春季引导早筑巢、多筑巢。第二年 3 月上旬气温回升到 10℃ 以上，越冬蜂开始散团，在笼壁活动。此时，应立即投入糖蜜等饲料进行人工饲养，喂养至 4 月中旬，笼内蜂振翅活动一段时间，才可放蜂出笼，回归大自然筑巢。人工辅助筑巢是在自然条件下建筑蜂棚。春季气温恒定在 13℃ 时，越冬胡蜂开始散团活动，可在夜间移入大棚中，轻开笼门或箱盖，来日胡蜂即在棚内飞翔。气温恒定在 17℃ 以上时，蜂开始进入筑巢产卵阶段，应随时观察，见有蜂在棚顶及四周纱网上时飞时停，应及时将蜂笼挂在棚内各处，将笼开启一半而拴牢。于育蜂棚中仅有人工设置的蜂笼是遮光避雨、挡风的适宜筑巢地点，蜂很自然地飞入笼中。只要经过短暂的适应，用足及口器在笼顶清理巢基，这时饲料盘中应添加糖蜜成分，以利于蜂建造牢固的巢柄。然后建立第 1 个巢室。巢室是胡蜂将口器啃嚼后的朽木及纸张等糊状纤维物质衔入笼中，粘连在巢柄上，再稍修砌而成的，因此，要在蜂棚内放上腐朽木材，棚壁纱网上挂些废纸条，备蜂取用。第 1 个巢室建好后，后蜂便在巢室近底部侧壁产下 1 粒带短柄的蜂卵。蜂卵孵化前，后蜂会很快在位于巢柄下第 1 巢室侧面接圆周状巢室，边建边产卵，直至卵粒依次孵化。后蜂不断产卵，同时担负外出觅食和饲育幼蜂的任务。巢体不断扩大，幼蜂随之增加，此时要特别注意饲料的供应。经过 5 个月的饲养管理，蜂笼中华蜜蜂巢直径可达 10cm 以上，有百余只成蜂。天气渐冷，雌蜂产卵停止。雌蜂内的蛹将要羽化完时，宜关闭笼门，防成蜂离巢。收回蜂笼，利用夜间蜂群安静时，将蜂笼倒放，待蜂群爬向上方离开蜂巢时，摘取蜂房，取出尚未羽化的残蛹，挂在通风、干燥、无鼠、无虫处晾干，备作药用。蜂群旺盛时，还可提取蜂毒，药用价值更高。

（五）病虫害防治技术

危害胡蜂的天敌种类很多，包括昆虫、蜘蛛、鸟类及老鼠等，还有病原微生物引起的病害。危害蜂巢最严重的是鳞翅目螟蛾科的黄尾巢螟，其成虫夜间在蜂巢上产卵，4～5d 后孵化出幼虫。幼虫穿行于蜂巢内蜂室中，咬食胡蜂幼虫，造成蜂巢解体，且巢螟喜夜间活动，而胡蜂白天活动，晚上伏于巢上不动，任巢螟将其卵产于蜂巢上而无动于衷。一旦巢螟入侵蜂巢，可使大量胡蜂死亡。

要想预防巢螟，可以让胡蜂将巢建在离地面较远的位置，因为距地面近的蜂巢受巢螟危害严重，距地面远的较轻；如果是人工饲养箱中的胡蜂，在巢螟产卵的 2～3d 内，可每晚将蜂箱门关上，以避免巢螟在蜂箱内产卵。幼虫在高温多雨季节易得腐臭病，感染后会很快发病死亡。可以将蜂箱疏散，在蜂巢上用喷雾器喷洒抗生素进行预防。

此外，危害胡蜂的动物还有乌鸦、喜鹊、蚂蚁、蜘蛛、壁虎等。在冬季越冬时，老鼠也会咬食成群越冬的胡蜂，这些都需要加强防范。

（六）产品的粗加工和应用

在幼虫期和化蛹期，将自然界或人工饲养的胡蜂蜂房采摘下来后，取出幼虫和蛹，鲜售或冷藏。以大个、整齐、灰白色、轻软有弹性、没有死蜂和卵的为佳。收集的幼虫、蛹，采用炸、炒、煎、煮等方法，可加工成各种风味的食品。也可制作蜂幼虫和蜂蛹罐头，或用于提取蛋白质及氨基酸。

第六章　中华蜜蜂育种养王技术

第一节　选择优良中华蜜蜂蜂王

蜜蜂的选种要优选和纯选相结合。年年选种，越选越好，使蜂种的优良性状稳定地遗传和发展下去。

一、蜜蜂品种选择的原则

1. 选择适应本地区自然条件的品种

2. 选用种性纯、生产性能好的品种

3. 根据饲养方式和具体条件选择品种

二、优选与纯选

优选和纯选包括三个互相联系的方面，即蜂群的生产力、生物学特性和形态特征。

蜂群的生产力主要看在同样管理条件下的年产蜜量、产浆量和产蜡量，这是选种的重要标准。选蜜、浆、蜡产量高的群做种群和哺育群。使生产力更高，是选种的重要目的。

生物学特性方面主要是看蜂王的产卵力、哺育蜂儿的能力、工蜂的采集能力、分蜂习性、抗病力、抗逆性（包括越冬性能、越夏性能、抗敌害能力等）和性情的温驯程度等。生物学特性也是优选的一部分，与生产力关系密切，没有这方面的良好特性，

不可能有高的生产力。

形态特征是指每一蜂种都具有的体型、体色、毛色、肘脉指数和绒毛宽度等特征。通过形态特征可以区别蜂种的纯度，反映整个种性遗传的稳定性。纯选也是必要的，不纯，蜂群高产的优良本性就保不住。以优为主，优选和纯选相结合。

三、集团选择

在蜜蜂的选种工作中常采用集团选择的办法，首先是根据生产力、生物学特性和形态特征，给本场每个蜂群做一个综合评定，分成三组：产量高的纯种为第一组，作为种群；中等的为第二组，用于生产和分蜂；差的为第三组，要尽早淘汰蜂王，蜂群用于生产。其次是种群的选配，蜂王决定雄蜂的纯度和品性，雄蜂反映蜂王，工蜂反映双亲的综合结果，并反映父群的雄蜂。在选择种群时，母群要看工蜂和雄蜂的纯度，父群主要是看雄蜂的纯度。种群选配有异质选配和同质选配两种：选择的父群和母群在性状上各有特点称为异质选配，在选种开始时，多数采用这种方法，这种方法能综合和改良蜂种的种性；另一种是同质选配，即选择的父群和母群性状上比较一致，可用来巩固其优良性状。

对于蜂种混杂、退化的蜂场，最好向种蜂场引进同一品种的蜂王或种群，与原来的蜂种进行交配，具体做法是：第一年用引进的种蜂作母群，培育的新王与本场原来种群培育的雄蜂交配繁殖，第二年用这些新蜂王作母群，从前一年引进的蜂王群中挑选父群培育雄蜂进行反交；或进行连续两代换种纯选法，即从种蜂场引进几只种王，作为母蜂养王和本场种用雄蜂交配，并把原场的老王一律淘汰换成新蜂王，第二年从另一种蜂场再引进几只优良种王重复第一年的做法。经两代换王和以后的选种，就能培育优良的纯种。

（1）从体型来说，蜂王以腹部细长，不畏光、尾部贴近房眼，产卵有序的为好。

（2）气候温暖，蜜粉源充足，工蜂出勤积极，子脾大，正是培育新王的大好时机。

（3）选择中华蜜蜂蜂王应以卵圈大小为依据。

（4）培养优良蜂王应防止同场近亲繁殖。

（5）对下述低劣的蜂王应予淘汰：①急造王；②从工蜂房改造过来的王台中出来的蜂王；③体型短小的蜂王；④缺蜜期，位置不正的王台中出来的蜂王；⑤弱小群培育的蜂王；⑥患病群培育的蜂王；⑦封盖后延期出房与延期交尾的蜂王；⑧产卵力低与产卵分散的蜂王；⑨畸形蜂王；⑩1 年以上过度衰老的蜂王。

第二节　中华蜜蜂蜂王的培育

（1）选群每 3～5 年到 30km 以外的深山区购买 1 箱用圆桶饲养的中华蜜蜂，过箱后试养一年，考察它的优越性，第二年拿来作杂交母群培育王台，在自己本场用一箱最好的做父群。

（2）隔离劣质雄蜂，实行优质杂交选择两个时期：一是南瓜花期杂花流蜜；二是秋末冬初。这两个时期中间都有一段时间断蜜，无论群势多强，箱内都没有雄蜂出现，只有培育期喂糖才会有雄蜂出现。

（3）杂交蜂群的培育为了达到蜂王优质，在蜂群群势方面，要具备群强，糖（蜜）、粉、子脾充足，还要一年以上老王；使蜂群经常有发生分群的念头，在缺蜜季节喂糖。

父群的培育：在流蜜前 20 天，每晚以 500g 糖水饲喂，一直喂到雄蜂封盖。如外面流蜜，雄蜂未封盖可停喂。

母群的培育：母群应在流蜜前 4 天喂一次糖，以使母群兴奋，提早培育王台。王台造好后，首先将母群蜂王提出组成新群。这只蜂王不能杀掉，留住以后再用来培育母群。以后把王台分到多个小箱交尾，母群的雄蜂或其他蜂群的雄蜂要全部杀掉以保证杂交蜂王的质量。要知道每个流蜜期只有一个月左右，应保证新王在流蜜期交好尾，万一错过交尾期雄蜂群和新蜂王群要喂糖，以免拖长蜂王交尾时间，影响蜂王质量。交尾成功后，分别介入到劣质群中去（先除掉劣王）。

准备育王群：担任蜂王幼虫哺育任务的蜂群称为育王群。在育王移虫前1～2天组织好。方法是将封盖子脾，部分卵虫脾、蜜粉脾、空脾和产卵蜂王，放在巢箱里做繁殖区；将部分幼虫脾、蜜粉脾放在继箱内，幼虫脾放中间，以后把移好幼虫的育王框加在幼虫脾中间。巢箱和继箱之间加上平面隔王板，每个育王群放30个王台左右。

移虫育王的工具和环境：移虫育王用具有育王框、纯蜂蜡台基和移虫针等，各种用具清洗干净，不能有异味、污物等。移虫时，光线好，清洁无异味，气温应在25～30℃，相对湿度80％左右，无风，阳光不能直接照射，地面干净没有灰尘飞起，即可移虫。

第三节　中华蜜蜂品种改良方法

一、用意蜂王浆培育中华蜜蜂王

这种方法属于营养育王法。由于中华蜜蜂和意蜂间具有生殖隔离，由中华蜜蜂和意蜂进行直接交配，从而产生具有双方亲本性状特点的子代是无法实现的。同时，有资料表明，在蜂王幼虫时期食用的由工蜂分泌的蜂王浆内含有一定的核外遗传物质，这些遗传物质可以部分改变育出蜂王的性状。因此营养育王法即是对中华蜜蜂的蜂王幼虫饲喂意蜂的新鲜王浆，从而使其表达出一定的意蜂优良性状的育王方法。此方法首先选择优良中、意两种蜂种，同时进行育王。第一次移虫各自移入本群的幼虫，一天后将意蜂王台和中华蜜蜂王台中的幼虫全部除掉。移除幼虫后，用注射器将中华蜜蜂王台中的王浆全部抽出，然后将其加入意蜂台内，注入时注意沿王台内壁直接加在意蜂王浆之上。然后将中华蜜蜂幼虫移入刚刚处理过的王台内，随后将王台移至中华蜜蜂育王群内进行育王。此方法重点在于中华蜜蜂育王群对移入了中华蜜蜂幼虫的意蜂王台的接受率。采用此方法育出的蜂王，由于使用了意蜂的王台，育出的中华蜜蜂王体形较大，体色较浅，表现出了一定的意蜂王性状。交尾后产卵力比普通中华蜜蜂王更强。繁殖出的新蜂群采集力、蜂群发展速度都有所提高，蜂群攻击性减弱。且由于改良蜂王的部分性状是基因表达的结果，具有一定的可遗传性，操作起来对技术要求也不高，所以此方法在实际应用具有一定价值。

二、外地优良蜂种与本地良种蜂种杂交

有一些中华蜜蜂品种在群势、出蜂时间、抗性、采集力等方面表现突出，例如东北的长白中华蜜蜂、四川的阿坝中华蜜蜂、贵州的天柱中华蜜蜂、海南中华蜜蜂等。但是直接引进这些优良蜂种可能会由于不适应当地气候、水土、蜜源植物种类和花期等原因达不到预期的效果。例如长白中华蜜蜂抗寒能力强，但在南方可能适应不了炎热的夏季，而且蜜源植物的种类及开花时间较东北地区而言均有很大差异；海南中华蜜蜂采集力强，抗巢虫力强，但因海南气温全年较高。据调查，海南中华蜜蜂在气温降至15℃时就几乎不再外出采集。因此引进外地优良蜂种最好采用与本地良种杂交的方式，这样既可以得到外地优良蜂种的优势性状，也可以较好的解决外地蜂种难以适应本地气候、蜜源的难题。另外需要注意的是，进行杂交时最好以本地良种为母本——即提供处女王和工蜂，外地蜂种为父本——即提供雄蜂进行杂交。这样产生的杂交蜂群由于蜂王和工蜂均为本地种，能更好地适应本地环境，避免初期蜂群整体不适应带来的问题。之后再用该杂交群进行分蜂育王，这样得到的蜂王便为杂交品种了。同时，最好不要引进过远地区的中华蜜蜂品种，例如北方引进海南

中华蜜蜂或南方引进长白中华蜜蜂。一是距离过远，难以运输且成本较高，二是环境差异太大，蜂群更难适应。

三、利用转基因技术对蜜蜂进行改良

目前此方法尚在研究之中，由于一个蜂群中只有一个蜂王产卵繁殖后代，经处理的受精卵有损伤或沾有其他物质或气味，导致工蜂清巢时往往将其清理掉。此方法目前技术细节仍不成熟。

第四节　蜜蜂交尾群的组织与管理

交尾群是为新蜂王生活的小蜂群。组织交尾群的时间，是在移虫后的第 10 天，或者王台封盖后的第 7 天。

组织交尾群，先要准备好交尾箱，可以用 2 或 3 块闸板把标准蜂箱严密地分隔成 3 个或 4 个小区，每一小区开 1 个 30mm 长、8mm 宽的巢门，巢门开在不同的方向。若同方向有两个同样的巢门，处女王婚飞返巢时会误入它巢，造成损失。巢门前的箱壁最好涂以黄、蓝、白等不同的颜色，以便蜂王识别自己的蜂巢。在交尾箱的每一小区放 1 框带幼蜂的封盖子脾，1 框蜜粉脾，组织交尾群。获得带幼蜂的封盖子脾的方法是：准备 1 只蜂箱，从每个强群提出一两框封盖子脾，放入箱内，一箱放 8 个带蜂封盖子脾，盖好箱盖，把蜂箱放到远离其他蜂群的地方。经过几个小时，飞翔蜂飞回原巢，封盖子脾上大部分是幼蜂。

次日，检查蜂群，割除急造王台，然后诱入成熟王台。采用铅丝绕制的王台保护圈诱入王台最安全。圆锥形王台保护圈的下口有个圆筒状的小饲料筒，蜜蜂不能从下口进入。因为蜜蜂在破坏王台时，是从王台侧面咬破王台壁，然后将蜂王蛹刺死。王台保护圈正好护住了王台侧壁。交尾群的覆布直接盖在巢脾的上框梁上，然后盖上副盖和大盖，使相邻交尾群的蜜蜂完全隔绝，以免蜜蜂串通互咬。交尾群放在远离其他蜂群、周围空间开阔和有

明显标志的地方，相邻两个交尾箱之间相距 2m 以上，并朝不同的方向放置。

在移虫后的第 11 天，即处女王羽化出房前一天，把王台分别诱入交尾群。交尾群的蜜蜂少，调节和保持蜂巢温度的能力弱，不宜提早诱入，以免延迟蜂王出房时间。从育王群提出育王框时，不能倒放和抖落蜜蜂，可用喷烟器少量喷烟，驱散王台周围的蜜蜂，再用蜂帚把蜜蜂扫净。在温暖的室内，把粘在板条上的王台取下来，淘汰细小的王台，把粗壮的王台粘在交尾群子脾的中上部。

诱入王台的次日，检查蜂王的出房情况，淘汰死王台和质量不好的处女王，立刻给交尾群补入备用王台。为了不妨碍蜂王婚飞、交尾，尽量不开箱检查交尾群，可通过箱外观察了解情况。若发现巢门前有小团蜜蜂互咬，或者少量被咬死的蜜蜂，就要开箱检查。如果蜂王被围立刻解救。蜂王如没有受伤，可把它放回巢脾，如已经受伤就不再保留。对于无王群的交尾群，可以再诱入 1 只王台，或者与相邻的交尾群合并。在天气正常情况下，处女王一般在出房后 5～7d 交尾，在 10d 左右开始产卵。因此，在诱入王台的 10d 后，全面检查各交尾群蜂王的交尾、产卵情况。如果不是低温、阴雨天的影响，超过半个月仍然没有交尾、产卵的处女王，即应淘汰。

第七章 中华蜜蜂病虫害防治及病毒病

第一节 蜜蜂病害相关概念

1. 蜜蜂疾病的概念

蜜蜂和其他动物一样，在长期的进化与人工的选择下，对周围的生物或非生物因素有了一定的适应范围，形成了固有的种群生物特性。若外界的刺激超过了机体正常的自身调节能力，扰乱了机体正常的生理功能与生理过程，就会产生功能上、结构上、生理上或行为上的异常，这些异常就是疾病。

2. 蜜蜂病害发生的特点

蜜蜂是以群体生活的社会性昆虫，蜂王的主要任务是产卵，蜂群群势与蜂王息息相关，一旦蜂王生病则产卵能力下降甚至停卵，会立即削弱蜂群的实力，甚至全群覆没；蜂王发病还会造成蜂群失王，使原来正常有序活动的工蜂变得混乱，还容易引起工蜂产卵，最终导致蜂群灭亡。工蜂负责哺育后代、蜂巢的修建、蜂产品的采集和生产，而雄峰主要与处女王交尾传代。三群蜂相互依赖，缺一不可，因此蜜蜂感染疾病是以整个蜂群而言。

3. 蜜蜂疾病的分类

蜜蜂疾病一般分为三类：一类是传染性疾病，包括病毒病、细菌病、真菌病等；二类是侵袭病，包括各类寄生虫等；三类是非传染性疾病，包括遗传病、生理障碍、营养障碍、中毒等。

第二节　蜜蜂病害的防治原则

蜜蜂常见病虫害有欧洲幼虫腐臭病、爬蜂病、白垩病、蜜蜂麻痹病、中华蜜蜂囊状幼虫病、茶花和油茶花蜜中毒、农药中毒等。在蜜蜂病虫害防治过程中，要贯彻预防为主、综合防治的方针，并按照生产无公害蜂产品的要求进行。

1. 选育抗病蜂种有两条技术途径，一是在同一品种内定向培育，二是利用杂种优势选育抗病蜂种。

2. 饲养强群

（1）保持蜂脾相称，加强蜂群管理。早春蜂群应注意保温，夏季应重视降温。除了蜂巢外部人为保温、降温措施外，应保持子脾上蜜蜂的适当密度，并根据外界温度高低，调整蜂路。

（2）淘汰老脾多造新脾。巢脾是蜜蜂繁育场所，也是储蜜场所，同时是病源载体，及时淘汰病群巢脾、老脾能有效减少病源传播。

3. 预防蜜蜂病虫害的措施

（1）提倡自繁自养除引进良种除外，不从疫区购买蜂群，以免相互感染。饲料应用自产的蜂蜜、花粉。从外地购进旧蜂箱应严格消毒后再使用，本蜂场发生蜂病，应立即隔离治疗，不要将病群巢脾任意调入健康蜂群，以防交叉感染。每年对蜂箱、巢脾消毒一次以上。

（2）改革喂药方法。将传统的糖水拌药改为将蜂药加入花粉或糖粉喂蜂。

（3）防止蜜蜂农药中毒。了解周围农田喷洒农药情况，采取应急措施，预防或减少蜜蜂的农药中毒。

第三节　中华蜜蜂常见病毒病防治

蜜蜂病毒病常发生于蜜蜂的幼虫期、蛹期及成虫期，以成虫期为最多。下面介绍几种中华蜜蜂常见的病毒病及其防治方法。

一、蜜蜂囊状幼虫病及其防治

蜜蜂囊状幼虫病又叫"烂子病""尖头病""囊雏病"，是由肠道病毒属的囊状幼虫病毒引起的蜜蜂幼虫传染病。在世界各地均有发生。西方蜜蜂对该病的抵抗力较强，感染后常可自愈。东方蜜蜂对该病的抵抗力弱，在大面积流行中。该病是中华蜜蜂主要的病害之一。

1. 病原

引起囊状幼虫病的病原是肠道病毒属的囊状幼虫病毒，病毒在成蜂体内繁殖，特别是在工蜂的咽下腺和雄蜂的脑内积聚，但不引起症状。该病毒对外界不良环境的抵抗力不强，在 59℃ 热水中只能生存 10min，室温干燥情况下可以存活 3 周，在病虫尸体内可以存活 1 个月。如果病虫尸体腐败则只能活 7～10d，该病毒在王浆中可以存活 3 周，悬浮在蜂蜜里可存活 5～6h。据资料报道，该病毒在蜂粮中可存活 100～120d，残留在巢房壁上的病毒夏季能存活 80～90d，冬季则 90～100d，这就是该病在蜂场中反复发生的原因。阳光直射 4～7h 可以杀死病毒。

2. 流行病学特点

该病的发生具有明显的季节性，南方多发生于 2～4 月、11～12 月；北方多发生于 5～6 月。其发病率与外界气温和蜜蜂饲养条件有关，天气骤变或饲料不足都是发病的诱因。患病幼虫及健康带病毒的工蜂是该病主要的传染源，通过消化道感染是病毒侵入蜜蜂体内的主要途径。工蜂食入被病虫污染的蜂粮或在清理病虫的过程中，成为健康带毒者。病毒在工蜂体内特别是王浆腺中增殖，当工蜂饲喂幼虫时就将病毒传给了健康的幼虫。外勤蜂采集了污染病毒的花粉和花蜜，便将病毒带回蜂群使该病在蜂群间传播。盗蜂、迷巢蜂、雄蜂、蟑螂和巢虫等也是该病毒的传播者。此外，在饲养管理过程中，使用被病毒污染的饲料、混用蜂具和调蜂等也会造成人为的污染，将病毒传给健康蜂群。

3. 临床症状

该病最易感染 2～3 日龄幼虫。病毒从消化道进入幼虫体内后，在中肠细胞、脂肪细胞和气管等组织中大量增殖，潜伏期 56d，因此，患病幼虫一般死亡在封盖之后。死亡幼虫呈尖头子、头部上翘、白色无臭味、体表失去光泽、表皮增厚。从巢房中拖出病死的死幼虫呈囊状，含有颗粒液体。没被拖出巢房的死幼虫残留在巢房里，体色逐渐变成黄褐色至褐色，最后呈一棕黑干片，与巢房易脱离。成年蜂感染病毒后，一般不表现症状。发病初期，少数死虫被工蜂清理，蜂王又重新产卵，因而在同一脾面上出现卵、虫、蛹错杂的"花子现象"。

4. 诊断

在蜂场现有的条件下，主要根据临床症状和流行病学特点进行综合诊断。蜂群诊断先观察蜂群活动情况，发现工蜂从箱内拖出病死幼虫，或在巢门前地上看到病死幼虫，就要进一步开箱检查。打开箱盖，发现有插花子脾，并有囊状幼虫病的典型症状，就可以初步确立诊断。

5. 防治方法

由于囊状幼虫病的破坏性大，所以要注重预防。

（1）加强饲养管理，提高蜂群抗病能力。在春季气温较低的情况下，应将弱群适当合并做到蜂多于脾，以提高蜂群的清巢和保温能力，对于患病蜂群，可通过换王或幽闭蜂王的方法，人为地造成断子一个时期，以利于工蜂清扫巢房，减少幼虫重复感染的机会。在发病季节，应注意留足蜂群的饲料。对于饲料不足的蜂群，必须进行人工补足饲喂，特别是蛋白质饲料及多种维生素的饲喂。

（2）选育抗病品种。抗病选种从发病蜂场中选择抗病力较强的蜂王作为母群，移虫养王用以更换病群的蜂王。与此同时选择抗病性强的蜂群作为父群培育雄蜂，并采取措施将病群雄蜂杀死。连续几代选择就可以使蜂群对该病的抵抗力增强。

（3）药物防治。蜂场、越冬室、工作室等平时要保持清洁。可用 5% 漂白粉溶液或用 10%～20% 石灰乳定期喷洒，最少春、秋各 1 次，阴湿的场地可直接撒石灰粉。蜂场的蜂尸及其他脏物清扫后要烧毁或深埋。蜂箱和蜂具在保存和使用前也要严格消毒。蜂箱在刮净、洗净蜂胶、蜂蜡后，可用灼烧法消毒。其他蜂具可以洗净后用紫外光照射消毒，也可用福尔马林蒸汽消毒，此外也可用 5% 漂白粉浸泡 12h、30% 生石灰乳浸泡 2～3d 或 4% 福尔马林浸泡 12h，取出后用分蜜机摇出药液，再用清水漂洗数次，最后摇出水分，晾干备用。一些可以煮沸的衣物及小型蜂具可以煮沸 1～2h 消毒。

（4）病蜂群隔离处理执行检疫制度，保护未发病地区。患病蜂群禁止流动放蜂，严防病原扩散。不到疫区放蜂。发现患病蜂群应迅速将其迁移至离蜂场 1～2km 以外的地方。先紧脾，抽出患病严重的子脾化蜡。将蜂群连脾换入已消毒的蜂箱，进行药物治疗，并暂时不再开箱检查，往往可以收到良好的效果。

（5）被病蜂污染的蜂箱、蜂具和衣物要严格消毒。工作人员检查病蜂群后要用肥皂水洗手，然后再去接触健康蜂群。被病蜂污染的花粉脾可以直接用甲酸或乙酸（冰醋酸）消毒后使用。具体做法是，将花粉脾依次放在空巢箱内，在箱内框梁上放一个 20cm×20cm 扎有孔的塑料袋，袋内填满棉花，每个箱体放一个。然后在塑料袋内注入 100mL 甲酸或 150mL 乙酸。注入药物之前，上下巢门以及蜂箱缝隙全部密封。注入药汤后，盖严箱盖，甲酸熏蒸 3 昼夜，乙酸则熏蒸 4 昼夜。之后打开蜂箱盖通风 2 昼夜。实验证明，这种经过消毒的花粉对蜜蜂和蜂子无害。与病蜂有密切接触的健康蜂群可进行预防性给药。按每框蜂半片病毒灵（盐酸吗啉呱，每片含量 0.1g）和一片维生素 C（每片含量 0.1g），研成细末，调入 1∶1 糖浆喂蜂，隔 2 日喂 1 次，连喂 3 次。

（6）药物治疗。

①病毒灵，按每框蜂 1 片病毒灵，1 片维生素 C 的剂量，研成细末调入（1∶1）糖浆中喂蜂，隔两日喂 1 次，连喂 3 次为 1 个疗程。停药 4～5d 后可再喂 1 个疗程。同时也可合用一些磺胺药物，防治合并感染细菌性疾病。

②中草药，以下剂量均可喂 10 框蜂：

配方 1：华千斤藤（海南金不换）10g。

配方 2：半枝莲 50g。

配方 3：板蓝根 50g。

配方 4：五加皮 30g、金银花 15g、桂枝 9g、甘草 6g。

配方 5：贯众 30g、金银花 30g、甘草 6g。

上述配方，经过煎煮、过滤、浓缩配成 1∶1 白糖水 500mL 左右喂蜂，连续或隔日喂 4～5 次为 1 个疗程，停药几天再喂 1 个疗程，直至痊愈。

二、蜜蜂慢性麻痹病及其防治

蜜蜂麻痹病，亦称黑蜂病、瘫痪病，是一种危害大、病情重、比较顽固难治且传染很快的成年蜜蜂传染病。如果不能进行及时防治，轻则造成蜂蜜严重减产，重则会使蜜蜂出现大量死亡的现象。蜜蜂的麻痹病毒是通过蜜蜂的建巢、调换巢脾及利用病群育王等途径传播给健康蜂群的，健康蜂还可通过与染病蜂接触和吸食被污染的饲料而发病。

1. 病原

蜜蜂慢性麻痹病的病原为慢性麻痹病病毒（Chronic Paralysis Vires，CPV），Bailey 于 1963 年首先分离出。该病毒有 4 种长度不同的椭圆形病毒颗粒，直径均为 22nm，长度分别为 30nm、40nm、55nm、65nm。核酸为单链 RNA，相对分子质量分别为 $1.35 \times 106D$、$0.9 \times 106D$、$0.35 \times 106D$，蛋白质相对分子质量为 $23.5 \times 103D$。

2. 流行病学

蜜蜂麻痹病是一种成蜂病，一般发生在春、秋两季，蜜蜂麻痹病毒是通过蜜蜂建巢、调换巢脾、利用病群育王等途径传播给健康蜂群的，阴雨过多、蜂箱内湿度过大，或久旱无雨、气候干燥，都会导致该病发生。健康蜂还可通过与染病蜂接触和吸食被污染的饲料而发病。

3. 临床症状

由于神经细胞直接受病毒损害，引起病蜂麻痹痉挛。症状有两种。一种症状是病蜂翅膀和体躯不正常地抖动，飞不起来，常跌落在地。有时在箱内乱挤成一团，腹部膨胀，翅膀张开并脱落。腹部膨胀是由于蜜囊充水而引起的。病蜂在几天内死亡。另一种症状是病蜂腹部不膨大，有时反而缩小，周身的绒毛脱光，身体油光发黑，它们在巢内常常遭到老龄工蜂的追咬。病蜂飞出箱外后，守卫蜂不许它们飞回蜂巢，使它们看起来像盗蜂一样。几天后，它们就开始发抖，不能飞翔，不久便死去。以上两种症状在同一蜂群中出现，但一般都是其中一种占优势。

4. 防治方法

对蜜蜂麻痹病只要发现及时，综合防治，是能够控制危害、减轻损失的。

（1）换王。异地引种，避免蜂群长期近亲繁殖是预防蜜蜂麻痹病的有效方法。

（2）提高蜂群的自身抵抗能力。要选育抗病的和耐病的蜂种，选择健康无病的蜂群培育蜂王。在自然界缺少蜜粉源时，要及时补助饲喂，补给一定量的蛋白质饲料，以强势减少患病危险。

（3）及时处理病蜂。要经常检查蜜蜂的活动情况，如发现有的蜜蜂出现麻痹病主要症状，就应该立即将其消灭，以免将麻痹病传染给健康蜂。

（4）防止蜜蜂吸食被污染的饲料。对蜜蜂要饲喂无污染的优质饲料。如果蜜源植物已被污染，就要迅速离开污染源。

（5）更换清洁的新蜂箱。要对蜂箱进行经常消毒，每隔 6d 左右一次，方法是用 10g 左右的升华硫粉，均匀地撒在框梁上、巢门口和箱门口。更换清洁的新蜂箱。

（6）用药喷脾。可将 20 万单位的新生霉素或金霉素，加入 1kg 糖浆，摇匀后喷到蜂脾上，每隔 2d 喷 1 次，连续喷 2～3 次。

（7）硫黄粉。洒在箱底及巢框上梁，每 20g 硫黄粉可用于 5 框蜂，每周 1～2 次，或用升华硫适量洒于蜂路间。

（8）酞丁胺粉。使用酞丁胺粉（4%）饲喂，每升 50% 的糖水加本品 12g，每群 250mL，隔 1 天 1 次，连用 5 次，采蜜期停用。

三、蜜蜂急性麻痹病及其防治

由蜜蜂急性麻痹病病毒（Acute paralysis virus）引起的一种蜜蜂成蜂病害。已在英国、法国、比利时、俄罗斯、澳大利亚、墨西哥及中国发现。

1. 病原

引起蜜蜂急性麻痹病的病原为急性麻痹病病毒（Acute paralysis virus，APV）。病毒粒子的特性：直径为 30nm 的正廿面体等轴粒子，沉降系数为 160S20w，浮密度为 1.37g/mL（CsCl），可随溶液的 pH 值变化而变化，pH7.0 时为 1.34g/mL，pH8.0 时为 1.36g/mL，pH9.0 时为 1.42g/mL。基因组分为单链 RNA，分子量未测，蛋白质有两种组分，分子量分别为 23，31×10 的三次方道尔顿。用磷钨酸作负染时，有些颗粒呈空壳现象。

2. 传播途径

（1）通过大蜂螨传播。急性麻痹病病毒可在雌性大蜂蛹体内存活（M. F. Allen 等，1985）当大蜂螨在吸食成年蜂的血淋巴时，突破了成年蜂的体壁，将病毒"注射"入蜜蜂的血体腔。在那里，病毒可随血淋巴的流动被携带至更易受攻击或更致命的组织，并且幼虫受带病毒大蜂螨为害后，病毒也可在其体内增殖（H. V. Ball，1985）。

（2）被污染的花粉。

（3）成年蜂的咽下腺分泌物。

3. 临床症状

病毒侵染蜜蜂的脂肪细胞、脑、咽下腺及血淋巴。足、翅震颤，腹部膨大，不飞翔，是病蜂的典型症状，往往在5～9日死亡。但也常见隐性感染，特别在35℃条件下，被感染的蜜蜂几乎无任何症状。夏季高温（30℃）高湿环境中病害严重。

4. 防治

以控制蜂群螨害为主要防治措施。其他防治措施按照蜜蜂慢性麻痹病防治方法。

四、蜜蜂死蛹病及其防治

蜜蜂死蛹病又称"白头蛹病"，是由病毒感染的流行病，蜜蜂"死蛹病"就是封盖幼虫在后期大量死亡，大部分死蛹拖出，是与美幼、欧幼及囊幼病有本质区别的一种新蜂病。患此病的蜂群常常出现见子不见蜂的现象，蜂群群势快速下降，采集力严重削弱，造成减产减收。

1. 发病相关因素

（1）与温度的关系。蜜蜂蛹病的发生与温度关系密切。调查表明，蜜蜂蛹病发病的适宜温度为10～21℃，早春寒潮过后，易发生蛹病。

（2）与蜜源和饲料的关系。在外界蜜粉源充足，蜂群内有充足的优质饲料储备，蜂群群势较强的情况下，不易发生蛹病；当早春或晚秋外界蜜粉源缺乏或使用劣质饲料喂蜂，蜜蜂处于饥饿状态营养不良，遇阴雨或寒潮时易发生蜂蛹病。

（3）与蜂种及蜂王年龄的关系。意蜂发生较普遍，中华蜜蜂则很少发生，就蜂王年龄而论，一般说来，老蜂王群易感染，年轻蜂王群发病较少。

2. 传播途径

蜂群中的病死蜂蛹以及被污染的巢脾是蜜蜂蛹病的主要传染源，患病蜂王是该病的又一重要传染途径。

3. 临床症状

见子不见蜂，在初期，整块封盖子脾颜色变深，房盖不饱满，多为平坦或者有下陷趋势。蜜蜂死蛹病症状，死亡的工蜂多呈干枯状（也有呈湿润状）。病毒在大幼虫时期侵入虫体，从而使幼虫逐步失去光泽和饱满度。虫体由乳白色转为浅褐色后至褐黑色。尸体无臭味无黏性。有死蜂蛹的巢房被工蜂咬破，露出头部，蛹头为白色，故又称白头蛹病。死蛹被工蜂拖出巢外，使之成为插花子脾。

4. 诊断

（1）蜂箱外观察。患病蜂群工蜂表现疲软，出勤率降低，在蜂箱前场地上可见到被工蜂拖出的死蜂蛹或发育不健全的幼蜂，可疑为患蜂蛹病。

（2）蜂群内检查。提取封盖巢脾，抖落蜜蜂，若发现封盖子脾不平整，出现有巢房盖开启的死蜂蛹或有"插花子脾"现象，即可初步诊断为患蜂蛹病。

5. 防治措施

（1）选育抗病品种。更换蜂王蜜蜂品种之间抗病性有差异，同一品种不同蜂群抗病力也不一样，在病害流行季节，有些蜂群发病严重，有些蜂群发病轻微，而有些蜂群却不发病。在常发病的蜂场，应选择抗病力强的蜂群培育蜂王，替换病群的蜂王。如此经过几代的选育，就可大大增强蜂群对本病的抵抗力，培育出能抗死蛹病的蜂种。在生产实践中选择无病蜂群作为种蜂群，培育蜂王，用以更换病群的蜂王，以增强对蜂蛹病的抵抗力。

（2）加强饲养管理。创造适宜蜂群发展的环境条件，保持蜂群内蜂脾相称或蜂多于脾，蜂数密集，加强蜂巢内保温，经常保持蜂群内有充足的蜜粉饲料，当外界蜜粉源缺乏时，须给蜂群喂以优质蜂蜜或白糖，并辅以适量的维生素、食盐。此外，还应注意保持蜂场卫生，清扫拖出蜂箱外的死亡蜂蛹，集中烧毁，以消灭传染源，同时注意勿将病脾调入健康群，避免造成人为传染。

（3）消毒措施。每年秋末冬初，患病蜂场应对换下的蜂箱及蜂具用火焰喷灯灼烧消毒。对巢脾用高效巢脾消毒剂浸泡消毒，100 片药加水 2 000mL，浸泡巢脾 20min，用摇蜜机将药液摇出，换清水 2 次，每次 10min，摇出清水后晾干备用。

（4）药物防治。巢脾和蜂具经消毒处理并换以优质蜂王的蜂群，喷喂防治药物蛹泰康，每包药加水 500mL，每脾喷 10～20mL 药液，每周 2 次，连续 3 周为一个疗程，病情可得到治愈。

第四节　中华蜜蜂常见细菌病及其防治

中华蜜蜂常见的细菌病有欧洲幼虫腐臭病、蜜蜂败血病、蜜蜂副伤寒病等。下面作简单的介绍。

一、欧洲幼虫腐臭病

欧洲幼虫腐臭病是蜜蜂幼虫的一种细菌传染病，在世界许多国家均有发生。在我国的中华蜜蜂上发生较为普遍，而西方蜂种较少发生。东方蜜蜂及西方蜜蜂欧洲幼虫腐臭病病原在血清学上有明显不同。

1. 病原

欧洲幼虫腐臭病的致病菌是蜂房蜜蜂球菌，其余为次生菌，如蜂房芽孢杆菌，侧芽孢杆菌及其变异型蜜蜂链球菌等。

蜂房蜜蜂球菌是一种披针形的球菌，其直径为 0.5～1.1μm，无运动型，为革兰阳性但染色不稳定，有时显革兰阴性。该菌不形成芽孢，有时可形成荚膜。涂片检查可见，多呈单个存在，也有成双链状或梅花络状排列的。蜂房链球菌在马铃薯琼脂培养基上生长良好。

2. 症状

欧洲幼虫病是蜜蜂幼虫一种恶性传染病，它使蜂群的 4 日龄或 5 日龄幼虫大量死亡。患病后，虫体变色，从珍珠白色变为淡黄色、黄色、浅褐色直至褐色，环纹模糊或消失，变褐色后，幼虫气管系统清晰可见。随着虫体变色，最后在巢房底部腐烂，产生难闻的酸臭味，干枯后成为无黏性、易清除的鳞片。若病害严重，巢脾上花子严重，蜂群中长期只见卵、虫不见封盖子。

3. 流行情况

欧洲幼虫腐臭病发生的先决条件是群势弱，蜂巢过于松散，保温不良、饲料不足，蜂房蜜蜂球菌快速的繁殖，促成疾病的爆发。而在强群中幼虫的营养状况较好，发病较轻。

蜂房蜜蜂球菌主要是通过蜜蜂消化道侵入体内，并在中肠腔内大量繁殖，患病幼虫可以继续存活并可化蛹。但由于体内繁殖的蜂房蜜蜂球菌消耗了大量的营养，这种蛹很轻，难以成活。患病幼虫的粪便排泄残留在巢房里，又成为新的传染源，内勤蜂的清扫和饲喂活动又可将病原传染给健康的幼虫。通过盗蜂和迷巢蜂可使病害在蜂群间传播，蜜蜂相互间的采集活动及养蜂人员不遵守卫生操作规程，都会造成蜂群间病害的传播。

4. 防治

（1）加强饲养管理。提高蜜蜂对欧洲幼虫腐臭病抗性的一个条件是维持强群，经常保持蜂群有充足的蜂蜜和蜂粮。注意春季对弱群进行合并，做到蜂多于脾。彻底清除患病群的重病巢脾，同时补充蛋白饲料。

（2）加强预防工作。杜绝病原，烧毁重病巢脾，对巢脾和蜂具进行严格的消毒，可使用市场上出售的高效消毒剂，或者用千分之一左右的高锰酸钾水洗刷蜂箱、浸泡或喷巢脾。

（3）换掉病群蜂王。新的年轻蜂王产卵快，能更快清除病虫，更快恢复蜂群的健康。

5. 治疗

（1）药物治疗磺胺类药物和抗炎中草药，如穿心莲、金银花等进行治疗。以一个成人药量加糖水饲喂 15 框蜂。

（2）生物防治防治欧洲幼虫腐臭病可使用灭活疫苗。这是一种用福尔马林灭活的腐臭菌细胞培养物悬液，此疫苗可用作无病蜂场的预防和有病蜂场的治疗。

二、蜜蜂败血病

败血病是由蜜蜂败血假单孢菌引起的蜜蜂急性细菌性传染病。这种病害广泛分布于世界各地，多见于西方蜜蜂。

1. 病原

败血病的病原是蜜蜂败血假单胞菌，为革兰氏阴性菌。该菌对外界不良环境抵抗力不强，在蜜蜂尸体中可活 30d，在潮湿的土壤中可以存活 8 个月以上，在阳光直射和甲醛蒸汽中可存活 7h，在 73～74℃ 的热水中可存活 30min，加热至 100℃ 时 3min 即可被杀死。

2. 流行病学

蜜蜂败血杆菌广泛存在于自然界中，特别是污水和土壤中。蜜蜂在采集污水或爬行、飞行时被该菌污染并将病菌带回蜂箱中。病菌可以通过各种途径，特别是接触节间膜或气门使病菌侵入体内。

败血病多发生于春、夏季节，高温潮湿的气候。蜂箱内、外和蜂箱放置地面不卫生，蜂场低洼潮湿，越冬窖内湿度过大，饲料含水量过高，饲喂劣质饲料等均为本病的诱发因素。

3. 症状

开始发病时其症状不易察觉，随后病蜂烦躁不安、拒食、无力飞翔，但死蜂不多。病情发展很迅速，只需3～4d就可造成全群蜜蜂死亡。死蜂颜色变暗、变软，肌肉迅速腐败，身体从关节处解体，即死蜂的头、胸、腹、翅、足分离，甚至角及足的各节也分离。解剖蜜蜂可见血淋巴呈乳白色。

4. 诊断

根据蜂群的典型症状，流行病学特点和血淋巴的变化，可基本断为本病。

5. 防治

（1）加强饲养管理。蜂群应放置在干燥向阳、通风良好的地方，越冬窖也要注意通风降湿。蜂场要设置饮水器或提供洁净的水源，防止蜜蜂外出采集污水。患病严重的蜂箱要换箱换脾，消灭菌。蜜蜂败血假单胞菌对漂白粉敏感，所以可以使用5%漂粉溶液浸泡蜂具，喷洒蜂场、越冬室等。

（2）药物治疗。蜜蜂败血杆菌对土霉素和氯霉素比较敏感，治疗败血症可在1 000mL 1∶1糖浆中加入土霉素或氯霉素0.5g，搅拌均匀或喂蜂，每框50～100mL，隔3d喂1次，连续疗2～3次；选用链霉素每框蜂10万单位，调制成糖浆饲喂，连续饲喂3～4d。

由于抗生素和磺胺类药物对蜂产品的污染问题日益受到人们的重视，所以可以根据实验试用一些抗菌作用的中草药，煎煮后调制成1∶1糖浆饲喂，也可收到满意的效果。

三、蜜蜂副伤寒病

蜜蜂副伤寒病常在春季发生，它使成年蜂下泻而死，因此俗称"下痢病"。一旦发生此病，会严重影响蜂群的安全越冬和春季繁殖。病原蜜蜂副伤寒病是由蜜蜂哈夫尼肠杆菌引起的。

1. 病原

蜜蜂副伤寒病是由蜜蜂哈夫尼肠杆菌（Enterobacter hafniae alvei）引起的。这是一种长1～2μm，宽0.3～0.5μm，两端钝圆的小杆菌，能运动，但不形成芽孢。革兰氏染色阴性。这种细菌对热和化学药剂的耐受力很弱，在沸水中只需 1～2min 即死；在 58～60℃ 的热水中也只能活 30min。

2. 流行病学

春天一开始，蜜蜂副伤寒病就可能由病蜂群向健康蜂群传染；抽换巢脾、迷巢蜂或盗蜂、公共水源的污染，都是该疾病传播的途径。蜜蜂副伤寒病的潜伏期为 3～14d，死亡率达 50%～60%。

3. 症状

蜜蜂副伤寒病没有特殊的外表症状，病蜂运动不灵活，翅膀麻痹，体质衰弱，下痢，而这些症状在其他蜂病中也常常遇到。染病蜂群在早春排泄飞行时，排出许多非常黏稠、半液体状的深褐色粪便。检查蜂箱内部，可发现尚有足够的饲料贮备，但全部巢脾都被粪便弄脏了。拉出病蜂的消化道观察，可见肠道肿胀，呈灰白色。

4. 诊断

必须从病蜂体内分离病原菌进行细菌学和血清学的检验，才能确诊蜜蜂副伤寒病。

5. 治疗

蜜蜂副伤寒病用复方新诺明和氯霉素治疗效果最好。每千克浓糖浆（1∶1）加复方新诺明 1～2g 和氯霉素 2g，混合均匀后喂蜂，每框蜂一次喂 50～100g，每隔 3～4d 喂一次，连续 3～4d。

第五节　中华蜜蜂常见真菌病及其防治

中华蜜蜂常见的真菌病有白垩病、黄曲霉病等。下面作简单的介绍。

一、蜜蜂白垩病

白垩病是一种蜜蜂幼虫的传染性真菌病，主要分布在欧洲、北美和中国等国家和地区。中国在 1991 年首次报道该病，目前该病在全国范围内的西方蜜蜂中流行，危害特别严重。

1. 病原

蜜蜂白垩病是由一种叫作蜜蜂球囊菌的真菌所引起的，这种真菌只侵袭蜜蜂幼虫，并且具有很强的生命力，在自然界中保存 15 年以上仍有活性。

白垩病的发生在很大程度上取决于当时的温湿度，有着较明显的季节性，一般此病多流行于春季和初夏，特别是在阴雨潮湿、温度变化频繁的气候条件下容易产生。在这段时间，蜂群多处于繁殖期，巢脾上子圈比较大，巢脾边缘受冷的机会比较大，发病率就高。在蜂群里，患病幼虫的尸体以及被污染的饲料与巢脾是疾病传播的主要来源。孢子囊增殖和形成的最适温度是 30℃左右，蜂巢温度从 35℃下降至 30℃时，幼虫最易感染。因此在蜂群大量繁殖时，由于保温不良或哺乳蜂不足，造成巢内幼虫受冷时最易发生。每年 4～10 月发生，4～6 月为高峰期。潮湿、过度的分蜂、饲喂陈旧发霉的花粉、应用过多的抗生素以至改变蜜蜂肠道内微生物区系、蜂群较弱等，都可诱发白垩病。

患白垩病的幼虫在封盖的前后死亡，雄蜂幼虫比工蜂幼虫更易被感染。

2. 症状

蜜蜂白垩病又名石灰蜂子，是蜜蜂幼虫的一种传染病害，发病的季节明显，一般为春季及初夏，气候多雨潮湿，温度不稳，变化频繁时易发病。蜂箱内的虫尸和被污染的食物是重要的传染源。

患白垩病的蜜蜂幼虫在封盖后的头两天或前蛹期死亡。幼虫染病后，虫体即开始肿胀并长出白色的绒毛，充满巢房，后期则失水缩小成坚硬的块状物，死亡的幼虫残体呈白色粉笔样物；有时幼虫干尸也会呈深墨绿色至黑色。雄蜂幼虫比工蜂幼虫更易受到感染。

3. 防治方法

白垩病往往与蜜蜂不适应突变的气候相关，防治此病应从蜂群饲养管理着手。首先除去病群中所有的病虫脾和粉蜜脾，换上干净的巢脾供蜂王产卵，换下来的巢脾必须进行认真的消毒。其次加强蜂群的保温，将蜂群搬离相对阴冷的环境，保证蜂箱内外的干燥。还要把蜂群放在高燥地方，保持巢内清洁、干燥。不喂发霉变质的饲料，不用陈旧发霉的老脾。在发生本病后，首先撤出病群内全部患病幼虫脾和发霉的粉蜜脾，并换清洁无病的巢脾供蜂王产卵。

对发病的蜂群，在以上措施的基础上，还要进行一定的药物治疗。

（1）换箱换脾。首先将病群内所有的患病幼虫脾和发霉的蜜粉脾全部撤出，另换入清洁的空脾供蜂王产卵。换下来的巢脾经硫磺熏蒸消毒。

（2）药物治疗。病蜂群经换箱换脾后，及时地按 NY 5138—2002 的规定，使用制霉菌素饲喂，每升 50% 糖水加本品 200mg。隔 3d 饲喂 1 次，连用 5 次。采蜜期停止使用。

①土茯苓 60g、苦参 40g，加水 1 000mL 煎液，得药液 500mL；枯矾 50g、冰片 10g，研成极细末，对入药液中，待其溶解后，加入苯扎氯铵 20mL，隔日喷脾 1 次，连喷 4～5 次为一个疗程。症状控制后，为防止复发，可间隔一周后再治疗 2～3 次。

②春繁时在巢门口内侧或箱底撒一把食盐，使出入蜂巢的蜜蜂均从盐粉上通过，这样就以蜜蜂为媒介，使食盐遍布全巢，从而起到消毒灭菌的作用。一年内撒盐 3 次，基本上可控制病菌引起的各种蜂病的发生，对白垩病有特效。

③用老的生大蒜，一群约0.5kg，去皮，每瓣捶碎，均匀放于蜂箱内底板上，让蜜蜂自由舔食，4d换1次，连放4次。

④用10个左右的蒜瓣捣烂，对入适量水，喷蜂和脾，箱内四壁和巢门都要喷到，此法不伤蜂和幼虫。

⑤金银花60g，连翘60g，蒲公英40g，川芎20g，甘草12g，野菊花60g，车前草60g，加水2kg，煎至1kg药水备用。用于喷蜂或加糖喂蜂，3d1次，3次为1个疗程，治疗3个疗程。

⑥黄连、大黄、黄柏各20g，苦参、红花、银花、大青叶各15g，甘草10g，加水1 000mL，用微火煎到约300mL时倒出药汁，再加水200mL煎5min后倒出药汁与第一次药汁混合备用。对患病蜂群每天喷脾1次，连续3d。

二、黄曲霉病

黄曲霉病又名结石病，是危害蜜蜂幼虫的真菌性传染病。该病不仅可以引起蜜蜂幼虫死亡，而且也能使成年蜂致病。分布较广泛，世界上养蜂国家几乎都有发生，温暖湿润的地区尤易发病。

1. 病原

主要为黄曲霉菌，其次为烟曲霉菌。这两种真菌生活力都很强，存在于土壤和谷物中。黄曲霉菌成熟的菌丝呈黄绿色，烟曲霉菌的成熟菌丝呈灰绿色。以孢子传播，分生孢子圆形或近似圆形，大小为3～6μm，呈黄绿色。

2. 症状

患病幼虫初呈苍白色，以后虫体逐渐变硬，表面长满黄绿色的孢子和白色菌丝，充满巢房的一半或整个巢房，轻轻振动，孢子便会四处飞散。大多数受感染的幼虫和蛹死于封盖之后，尸体呈木乃伊状坚硬。成蜂患病后，表现不安，身体虚弱无力，行动迟缓，失去飞翔能力，常常爬出巢门而死亡。死蜂身体变硬，在潮湿条件下，可长出菌丝。

3. 诊断方法

若发现死亡的蜜蜂幼虫体上长满黄绿色粉状物，则可取表层物少许，涂片，在 400～600 倍显微镜下检验，若观察到有呈球形的孢子头和圆形或近圆形的孢子及菌丝时，即可确诊为黄曲霉病。

4. 流行特点

黄曲霉病发生的基本条件是高温潮湿，所以该病多发生于夏季和秋季多雨季节。传播主要是通过落入蜂蜜或花粉中的黄曲霉菌孢子和菌丝。当蜜蜂吞食被污染的饲料时，分生孢子进入体内，在消化道中萌发，穿透肠壁，破坏组织，引起成年蜜蜂发病。当蜜蜂将带有孢子的饲料饲喂幼虫时，孢子和菌丝进入幼虫消化道萌发，引起幼虫发病。此外，当黄曲霉菌孢子直接落到蜜蜂幼虫体时，如遇适宜条件，即可萌发，长出菌丝，穿透幼虫体壁，致幼虫死亡。

5. 防治方法

蜂场应选择干燥向阳的地方，避免潮湿，应时常加强蜂群通风，扩大巢门，尤其雨后应尽快使蜂箱干燥。对患病蜂群的巢脾和蜂箱消毒，撤出蜂群内所有患病严重的巢脾和发霉的蜜粉脾，淘汰或用二氧化硫（燃烧硫黄）密闭熏蒸。患病蜂群喷喂优白净或抗白垩一号药物治疗，方法及用量均同白垩病。

第六节　中华蜜蜂其他病防治

中华蜜蜂常见的寄生虫病有孢子虫病和巢虫等。下面作简单的介绍。

一、蜜蜂孢子虫病

蜜蜂孢子虫病又叫"微粒子病"，是成蜂的一种常见消化道传染病，近年来在我国发生比较普遍。长期阴雨低温天气，给该病的发生和蔓延造成极为有利的环境条件，致使大多数蜂场的蜂群不同程度地感染此病。患病蜜蜂消化道受到破坏，丧失正常消化机能，以致机体衰弱，采集力下降，腺体分泌能力也降低，寿命缩短。

1. 病原

蜜蜂孢子虫病是由蜜蜂微孢子虫（Nosema apis）引起的。蜜蜂孢子虫在蜜蜂中肠上皮细胞内寄生并形成危害，其在蜜蜂体外只能以孢子的形态存活。孢子虫呈椭圆形，具有无结构的外壳，有较强的蓝色折光性，长 $4.4 \sim 6.6 \mu m$，平均 $5.4 \mu m$，宽 $2.0 \sim 3.3 \mu m$，平均 $2.7 \mu m$。孢子内部为双核细胞、双液泡。外壳前端有孔隙——胚孔，其中伸出极丝，极丝长度为 $230 \sim 400 \mu m$。

孢子虫最适宜的温度是 $30 \sim 32℃$，高于 $36℃$ 和低于 $12℃$ 时，孢子停止发育。孢子虫停止发育则患病蜜蜂恢复健康。孢子在干燥的蜂粪便中能存活 2 年，在蜂尸中可存活 5 年，蜂蜜中可存活 11 个月，在水中可存活 113d，在巢脾上存活时间 3 个月至 2 年。孢子致死条件是：蜂蜜中为 $60℃$ 时可存活 15min；水中 $58℃$ 时可存活 10min；$100℃$ 以上水蒸气中 1min 即可杀死孢子；$25℃$ 条件下，4% 甲醛溶液或 $50mL/m^2$ 甲醛溶液蒸汽中可存活 1h，10% 漂白粉 $10 \sim 12h$ 能杀死孢子；$37℃$ 条件下，2% NaOH 15min 能杀死孢子；直射阳光在 $15 \sim 32h$ 内可杀死孢子。

2. 流行病学

蜜蜂孢子虫病仅危害蜜蜂成蜂，对幼虫和蛹都不致病。患病蜜蜂是此病传播的根源。病蜂体内孢子虫随粪便排出体外，污染巢脾、蜂蜜、蜂箱、蜂具和场地、水池等；当健康蜜蜂在吸取蜂蜜等食料或健康蜜蜂与病蜜蜂互相喂食时，孢子虫的孢子通过健康蜂的口器进入中肠，形成孢子虫。孢子虫在中肠上皮细胞内进行繁殖、经几个发育阶段又形成很多孢子，孢子随粪便排出体外，并继续传播蔓延。

蜂群间的传播，通常由迷巢蜂和盗蜂引起。将病群的蜂合并到健康群，或用病群中的饲料喂健康蜂，或将病群用过的巢脾蜂箱等未消毒就给健康群使用都能造成蜂群间的传播。蜜蜂孢子虫病虽一年四季都可发生，但以早春最为多发，晚秋次之，夏季和秋季则发病较少。

3. 发病机理

蜜蜂孢子虫经口器进入中肠上皮细胞，在其中繁殖，吸取营养，引起中肠上皮细胞脱落死亡，消化及营养吸收功能下降，严重下痢而发病。病理变化集中于中肠，外观可见中肠浮肿、松弛、失去弹性，呈灰白色或乳白色。病理切片经苏木精—伊红染色检查，显微镜下可见中肠上皮细胞严重破坏，细胞内充满孢子。

4. 临诊症状

患孢子虫病的蜜蜂初期症状不明显，但在后期，由于寄生的孢子虫破坏了中肠的消化作用，使病蜂得不到必需的营养物质，会出现衰弱，萎靡不振，翅膀发颤，腹部膨大，飞翔无力等表现，病蜂常从巢脾上掉落下来，下痢症状明显，病蜂不断从巢门爬出，最后死亡。蜂群群势下降，母蜂也会死亡。

5. 防治

配方1：0.2％保蜂健5包。用法：用温水配成0.2％浓度加到适量糖浆内喷喂，每隔3～4d喂1次，连用3～4次为1个疗程，间隔10～15d可进行第二个疗程。

配方2：黄色素5g。用法：混入1kg糖浆中饲喂，每群每次喂0.3～0.5kg，隔3～5d喂1次，连喂4～5次。

配方3：四环素25万IU。用法：加入1kg蜜水中，每群每次喂0.5～1kg，说明：也可用土霉素、金霉素或新生霉素等。

配方4：乌洛托品1g。用法：加入1kg糖水中，每群每次喂0.3～0.5kg。注：国外用烟曲霉素治疗，也可一试。

二、巢虫

巢虫是蜡螟的幼虫，属螟蛾科，有大小两种，在巢脾上蛀食蜡质，穿成隧道，毁坏巢脾，伤害蜂蛹。中华蜜蜂抗巢虫力弱，经常受其危害，是饲养上比较令人头痛的问题。我们在防治巢虫方面，推广了清除巢箱、饲养强群、使用新脾、人工清除等方法，在一定程度上减轻了损失，但效果不显著。

1. 病原

巢虫是蜡螟幼虫，属螟蛾科。常见的有大蜡螟（Galleria mellinella）和小蜡螟（Achroia grisella）两种。

2. 生活史

一般出现于 3～4 月，晚上出来活动，雌雄蛾夜间交尾后，产卵于蜂箱的缝隙处或箱底的蜡屑中。初孵化的幼虫，先在蜡屑中生活，约 2～3 天后就上脾。若蜂群强大，蜡螟幼虫无法上脾。幼虫老熟后，以蜜蜂巢脾、蜂蜡为主要寄主，最喜欢蛀食中华蜜蜂子脾上的蜡质。

3. 症状与诊断

由于巢虫在子脾内穿道蛀食的缘故，子脾出现"白头蛹"现象。蜂蛹不能正常羽化，严重影响蜂群的繁殖，更甚时还会引起蜂群飞逃，是目前中华蜜蜂生产上主要病虫害之一。

一般来讲，中华蜜蜂一年四季都受巢虫不同程度的危害。越冬中华蜜蜂虽有部分蜂群断子、但巢虫已进入休眠状态，不危害蜂群；3～4 月蜂群进行春季繁殖阶段，这时的外界气温低，蜡螟幼虫相对发育慢，世代周期长，蜜蜂育子兴奋护脾能力增强，所以虫口稀，不会造成很大危害；7～8 月后，外界粉蜜逐渐开始枯竭，气温高，蜂群处于停产和半停产状态，蜜蜂护脾能力逐渐减弱，这一时间正有利于二、三代巢虫的繁衍。因此，夏、秋、初冬是巢虫活动和危害蜂群的高峰期，给进入初冬繁殖阶段的蜂群造成威胁很大，是综合防治的主要季节。

4. 防治方法

（1）7 月多数蜜源植物花期结束后，适当缩脾，保持蜂脾相称或蜂多于脾，弱群适当进行合并，加强蜂群遮阴，提高蜜蜂护脾能力。

（2）8 月底至 9 月上旬，注意蜂群卫生，彻底清除蜂箱内部缝隙蜡屑、杂物，换箱一次。

（3）掌握蜂王初卵期前，傍晚时分抽出巢脾进行蒸汽法处理一次。方法是：视蜂群内部放脾数量，按二脾抽一、三脾抽二的方法抽出巢脾做好各群标记。将取出的巢脾用特制的蒸脾箱装好，把蒸架放于锅灶上，然后加热升温至箱体内部温度 45～49℃，保持恒温 15～20min，卸下蒸脾箱取出巢脾冷却10～15min，用 1：1 白糖浆灌满各脾，而后按标记对号加入各群，巢脾上有少量封盖子的要先割后再处理，新脾要取出存蜜才能处理，以免发生脾溶化。群体内未处理的巢脾，一定要间隔两三天才能同样处理。避免发生蜂群逃蜂。

（4）旧巢脾房内茧衣厚，最有利于巢虫的生长发育，从而缩短世代周期，危害严重，新的巢脾则相反。根据巢虫嗜好侵食旧巢脾这一特点，每个流蜜期要争取多造新脾更换旧脾。同时贮备一定的半成品新巢脾。方法是：在蜂群造脾时间，把巢础框加入蜂群修造至半成品时（1/3、1/2 巢房高即可）。提出集中存放，并用二硫化碳或硫磺熏蒸密闭保存。初冬蜂群繁殖阶段。可根据各蜂群巢脾情况，采取抽旧补新办法，加入半成品巢脾，同时结合奖励饲喂，效果相当显著。

巢虫的防治，经验很多。目前为止，都没有较理想的防治效果。虽然用硫化物药剂熏脾，能起到较好的杀虫效果，但对蜂群由此产生的后遗症较大，容易使蜜蜂发生逃群，短时间内蜂王不敢产卵等，所以一般不使用。采用蒸汽法，能起到杀灭巢虫虫卵，却不会造成蜂群逃亡、蜂王产卵不积极等效果，是目前综合防治中华蜜蜂巢虫危害较为理想的方法之一，在养蜂生产上有很大的推广使用价值。

第七节 中华蜜蜂其他病害防治

蜜蜂其他病害有蜜蜂爬蜂综合征、茶花期蜜蜂烂子、蜜蜂农药中毒、甘露蜜中毒、胡蜂、蚂蚁、蟾蜍等危害。

一、蜜蜂爬蜂综合征

近些年来，爬蜂病困扰着许多蜂场。经多年观察和实验对比，除极个别蜂场的爬蜂病属于孢子虫病、麻痹病、下痢大肚病等传染性爬蜂病外，绝大多数蜂场的爬蜂病属于无传染性的"软翅爬蜂病"。这种"低温软翅病"是8月芝麻花期"高温软翅病"的对应病，两种病有两个共同点，一是该病的突发性在一个地区几乎同时发生；二是发病后用药物治疗和不治疗，一般都会两星期后同时爬蜂结束（实际此病用药治疗无任何作用，只能污染蜂产品）。此病发病原因属饲养管理不当和大流蜜期蜂不顾脾而产生的。

1. 发病特点

发病有明显的季节性，一般从早春开始，零星发病，3月病情指数急剧上升，4月为发病高峰期，5月病害减轻，秋季病害基本"自愈"。

2. 临床症状

发病蜜蜂行动迟缓，腹部拉长，翅微上翘，前期呈跳跃式的飞行，后期失去飞行能力在地上爬行，最后抽搐死亡。死蜂喙吐出，翅张开，与农药中毒相似，但死前不急促翻滚，后腿不带花粉团，也不全是采集蜂。病蜂解剖观察：中肠变色，后肠膨大，积满黄或绿色的粪便，有时有恶臭。

发病前期表现烦躁不安，有的下痢，蜜蜂护脾力差，大量成蜂坠落箱底。病害严重时，大量青、幼年蜂涌出巢外，蠕动爬行，在巢箱周围蹦跳，或起飞后突然坠落，直至死亡。

3. 预防和治疗方法

（1）培育适龄强壮的越冬蜂。

（2）选择高温干燥、避风向阳的越冬及春繁场地。

（3）不宜过早春繁，力戒用霉变的隔年花粉或人工代用花粉制品进行春繁饲喂。

（4）做好蜂具、保温物的消毒及翻晒工作。

（5）每千克浓糖浆中加入 0.5～1g 柠檬酸或醋酸 3～4mL 进行饲喂。

（6）黄连、黄柏、黄芩、虎杖各 1g，加水至 400mL 煎至 300mL，倒出药液；再往药渣中加入 300mL 的水，煎至 250mL，倒出药液；再加入 200mL 水煎至 150mL，倒出药液。将 3 次药液混合过滤，在晴好天气喷脾，每脾喷 30mL 药液，隔 3 天喷 1 次，一般 3 次可治愈。

（7）黄连 10g，用 300mL 的开水泡 3h 后倒出药液；再冲入开水 200mL，泡 2h 后倒出药液；再用 200mL 开水泡药渣 1h 后倒出药液。3 次药液混合过滤，喷病脾，每脾 30mL 左右，隔 2 日再喷 1 次。若患蜂病情严重，可 2 日后再喷 1 次，即可治愈。

二、防止茶花期蜜蜂烂子

茶树是我国南方的主要经济作物，茶树在秋末冬初开花（通常为 9～11 月），花期长，流蜜量大，是很好的晚秋蜜源。但由于蜜蜂采集茶花后，能引起幼虫大批死亡，因此，不仅丰富的蜜源资源不能利用，而且还会给蜂群越冬带来困难，成为养蜂生产的严重障碍。

在茶花期只要管理得好，就能避免蜜蜂烂子现象。蜜蜂茶花蜜中毒的主要物质是茶花蜜中所含的多糖成分对蜜蜂幼虫具有显著的毒性。

1. 病因

试验分析查明，茶花蜜中除含有微量的咖啡因和甙外，主要

是含有较高的多糖成分。毒性实验表明，茶花蜜并非有毒，引起蜜蜂中毒的原因是蜜蜂不能消化利用茶花蜜中的低聚糖成分，特别是不能利用结合的半乳糖成分，引起生理障碍。

2. 症状

茶花蜜中毒主要引起蜜蜂幼虫死亡。死虫无一定形状，也无臭味，与病原微生物引起的幼虫死亡症状明显不同。

3. 解救措施

采用分区饲养管理结合药物解毒，使蜂群既可充分利用茶花蜜源，又尽可能少取食茶花蜜，以减轻中毒程度。分区管理根据蜂群的强弱，分为继箱分区管理和单箱分区管理两种方法。

（1）继箱分区管理。该措施适用于群势较强的蜂群（6框足蜂以上）。具体做法是，先用隔离板将巢箱分隔成两个区，将蜜脾、粉脾和适量的空脾，连同蜂王带蜂提到巢箱的任一区内，组成繁殖区，然后将剩下的脾连同蜜蜂提到巢的另一区和继箱内，组成生产区（取蜜和取浆在此区进行）。继箱和巢箱用隔王板隔开，使蜂王不能通过，而工蜂可自由进出。此外，在繁殖区除了靠近生产区的边脾外，还应分别加一蜜粉脾和一框式饲喂器，以便人工补充饲喂并阻止蜜蜂把茶花蜜搬进繁殖区。巢门开在生产区，繁殖区一侧的巢门则装上铁纱巢门控制器，使蜜蜂只能出不能进。

（2）单箱分区管理。将巢箱用铁纱隔离板隔成两个区，然后将蜜脾、粉脾和适量的空脾及封盖子脾同蜂王带蜂提到任一区内，组成繁殖区，另一区组成生产区。上面盖纱盖，注意在隔离板和纱盖之间应留出0.5～0.6cm的空隙，使蜜蜂自由通过，而蜂王不能通过。在繁殖区除在靠近生产区的边框加一蜜粉脾外，还在靠近隔板处加一框式饲喂器，以便用作人工补充饲喂和阻止蜜蜂将茶花蜜搬入繁殖区，但在生产区的一侧框梁上仍留出蜂路，以便蜜蜂能自由出入。巢门开在生产区，将繁殖一侧的巢门装上铁纱巢门控制器，使蜜蜂只能出不能进，而出来的采集蜂只能进生产区，这样就避免繁殖区的幼虫中毒死亡，达到解救的目的。

（3）喂药与饲养管理相结合。第一，繁殖区每天傍晚用含少量糖浆的解毒药物（0.1%的多酶片、1%乙醇以及 0.1 大黄苏打）喷洒或浇灌；隔天饲喂 1：1 的糖浆或蜜水，并注意补充适量的花粉。第二，采蜜区要注意适时取蜜。在茶花流蜜盛期，一般 3～4d 取蜜 1 次，若蜂群群势较强，可生产王浆或采用处女王取蜜。每隔 3～4d 用解毒药物糖浆喷喂 1 次。

三、蜜蜂农药中毒

蜜蜂为农作物、果树、林木等授粉增产的巨大经济效益越来越受到人们的重视，蜜蜂授粉增产的经济价值比养蜂的直接经济收益高 10～100 倍。然而在作物开花期喷洒农药引起蜜蜂中毒，不仅直接影响蜂产品的产量，而且也影响蜜蜂为农作物授粉的数量和质量，从而降低农作物的产量和质量。因此，在作物开花期，保持蜜蜂的正常采集花蜜花粉的活动，提高产蜜量；同时利用蜜蜂为农作物授粉，提高作物的产量和质量是当今农业发展的重要课题。

1. 蜜蜂农药中毒的症状

蜜蜂突然大量死亡，蜂群越强，死蜂越多。死蜂多为采集蜂，不少采集蜂死于蜂场附近和蜂箱周围，有的死蜂后足还带有花粉团。中毒蜂在地上翻滚、打转、痉挛、爬行，身子不停地颤抖，最后麻痹死亡。死蜂腹部内弯，翅膀张开呈"K"字形，吻伸出。蜜蜂采集秩序混乱、漫天飞舞、追蜇人畜。开箱检查，箱底有大量死蜂，箱内蜜蜂性情暴躁，爱蜇人，提脾检查，可见大量蜜蜂无力附脾而掉落箱底；巢房内的大幼虫"跳子"至巢房口或脱落出来。中毒严重的蜂群，有的全群离开巢脾，爬出巢外在巢门口附近或箱底聚集成团。

有机磷农药中毒典型症状是：蜜蜂身体湿润、精神萎靡不振、腹部膨大、围绕打转、大部分中毒蜂死于箱内。

有机氯农药中毒典型症状是：蜜蜂尾部拖地、中毒蜜蜂异常激怒、爱蜇人、部分蜜蜂死于箱外或回归途中。

2. 蜜蜂农药中毒的防治

解除蜜蜂农药中毒，无较好的显效药物，关键是做好预防。养蜂者应及时与施药方协商，保证蜜蜂对植物的授粉作用的同时，有效避免蜜蜂受害。

（1）与当地人搞好关系，放蜂地点应经过当地的村委同意，并了解当地农药的使用习惯，避免喷洒农药不知情。如作物种植单位或个人必须在开花期大面积喷洒对蜜蜂有高度毒性的杀虫剂时，蜂场应采取预防措施，在施药的前一天晚上关闭巢门。关闭时间长短依据喷洒药物种类而定，喷洒除虫菊、杀虫剂和除莠剂4～6h，喷洒1605为2昼夜；喷洒1059为3昼夜，喷洒砷和氟制剂为4～5昼夜。其他农药，根据残效期长短，参照上述原则决定幽闭时间。在幽闭蜂群期间，要盖上纱盖或加空继箱，使蜂巢内空气流通，做好遮阴，保持箱内黑暗和蜜蜂的安静。如果关闭时间太长，可在傍晚蜜蜂停止飞翔时，打开巢门，翌日清晨在蜜蜂未飞出巢箱之前，再关闭巢门。幽闭期间，要保持蜂群内有充足的蜂蜜和花粉，并经常喂水，尤其是夏季气温高时，更应注意给蜂群喂水、降温和通风。

（2）对于一些极有可能喷药的作物，最好能避开，特别要避开喷洒"税劲特"农药的地区。

（3）当地将要喷洒农药时，应立即选择新的场地，及时搬迁蜂场。

（4）如果蜜蜂已经农药中毒，急救措施有。第一，当蜂群发生农药中毒时，应将蜂群迅速撤离毒物区，同时清除蜂群内所有的有毒饲料。将被农药污染的巢脾浸入2％的苏打溶液中浸泡10h左右，使巢脾上的饲料软化、脱离巢房而流出，然后用水洗净，以摇蜜机将残留的饲料和水摇出，巢脾晾干后备用。第二，立即饲喂 1∶4 的稀糖水或甘草水。第三，饲喂解毒药物。对于 1605、1059、乐果等有机磷类农药引起的中毒，可用 0.05％～0.1％的硫酸阿托品或 0.1％～0.2％的解磷定喷脾解毒；对于有机氯农药引起的中毒，可在 250mL 的蜜水中加入磺胺噻唑钠注射液 3mL 或片剂 1 片用水溶解，搅拌均匀后喷喂中毒的蜂群。

四、甘露蜜中毒防治

1. 发生季节

蜜蜂甘露蜜中毒是养蜂生产上常见的一种非传染病，每年早春和晚秋发生较严重，尤其是干旱歉收年份，发生范围大、死亡率高，若防治不及时，容易给蜂场造成重大损失。

2. 中毒原因

甘露蜜有两种，一种是甘露，一种是蜜露。甘露是由蚜虫、介壳虫等昆虫所分泌的含糖液汁。这些昆虫常寄生在灌木、乔木及禾本科植物上，在干旱年头，这些昆虫大量发生，同时排出大量的甘露。蜜露则是植物本身因受外界气温剧烈变化的影响或受外伤而从叶茎部分或伤口分泌出的一种含糖液汁。当外界缺乏蜜源时，蜜蜂就会采集甘露或蜜露，带回巢，酿成所谓的甘露蜜。甘露蜜有两种类型，一种是结晶的松三糖型，另一种是不结晶的麦芽糖、果糖型。由于甘露蜜中单糖含量较低，蔗糖较多，还含有大量的糊精和矿物质，使蜜蜂消化吸收发生障碍。另外，甘露蜜常被细菌或真菌等微生物污染产生毒素，这也是引起蜜蜂中毒的原因之一。

3. 中毒症状

通常在外界缺少蜜源时，蜂群突然表现出异常的兴奋和活跃。中毒的蜜蜂多是采集蜂，主要表现是腹部膨大、下痢、无力飞翔、在框梁上或地上爬行、动作迟缓。解剖消化道时发现：蜜囊呈球状，中肠灰白色，无弹性；后肠蓝黑色，充满浓稠状粪便。通常强群比弱群中毒死亡严重。

4. 诊断

（1）症状诊断。当外界缺少蜜源时，蜂场又突然出现蜜蜂采蜜的繁忙景象。采集蜂表现出甘露蜜中毒的典型症状。开箱观察，在巢脾上出现有较多的未封盖蜜房，并且蜜汁浓稠，呈暗绿色，无芳香气味，可初步认为是甘露蜜中毒。

（2）甘露蜜诊断。最简单的方法是从巢房中取 3g 蜂蜜，置于试管内，加等量的蒸馏水稀释后，再加 95％的酒精 10mL。充分摇匀后，若溶液出现乳白色沉淀，则表明含有甘露蜜。

5. 防治方法

（1）在外界缺少蜜源时，注意避免将蜂群移放到容易产甘露蜜的植物附近。这些植物有松树、柏树、杨树、柳树、榛树、椴树、刺槐、锦鸡儿、沙枣等乔灌木上，以及高粱、玉米等作物。

（2）在外界缺少蜜源的季节，如早春和晚秋，应预先为蜂群留足饲料，发现蜂巢内缺少饲料时应及时补充饲喂，以免蜜蜂饥不择食而采集甘露蜜。

若蜂群内含有甘露则应尽快将甘露蜜脾撤出，并放入优质蜜脾或补充饲喂白糖。

（3）发现甘露蜜中毒要及时采取药物治疗，常用的药方是氯霉素 2 片，四环素 1 片，复方维生素 B 20 片，食母生 50 片，混合研碎后加入 1kg 比例为 1∶1 的糖水中，搅匀后喂 20 脾蜂，连喂 2～3d，每天 1～2 次。

五、胡蜂危害的防治

胡蜂（paper wasp）亦称纸巢黄蜂，属膜翅目（Hymenoptera）、胡蜂科（Vespidae），是胡蜂属（Polistes）昆虫的统称，分布于全世界，令人见而生畏。胡蜂是控制松毛虫、棉铃虫等农林虫害的高手。胡蜂为有社会性行为的昆虫类群。

1. 胡蜂危害

全年都可能捕食蜜蜂，但秋末危害严重，因为胡蜂在春天筑巢，秋天发展至鼎盛，胡蜂幼虫是严格的肉食性，平时捕猎的昆虫已经减少，这时蜂群无奈会冒险捕食蜜蜂幼虫和蛹，一只侦查胡蜂在蜂巢上做下记号后，不久会有数十甚至上百胡蜂来捕食，危害极大，目标是蜜蜂幼虫与蛹，但会杀死成虫。为夏、秋两季山区蜂场的主要敌害。

2. 防治方法

（1）扑杀法：这是最原始最简单的方法，扎 1m 长左右小竹扫把，直接扑杀，效果良好。

（2）诱杀法：在广口瓶内装入 3/4 蜜醋（稀食醋调入蜂蜜），挂在蜂场附近诱杀胡蜂。

（3）防范法：春季至夏季在胡蜂造巢取材的牛粪中喷洒农药。

（4）游街示众法：活捉胡蜂，用细线绑住，挂在蜂场内，胡蜂飞来，见状就会逃之夭夭。将死胡蜂挂在场内，能起到震慑作用。

（5）囚禁警示法：预先将矿泉水瓶四周剪成栏栅状，使能通风透气，能传递信息，将活胡峰装在里面，放在蜂箱上或挂在蜂场内，警示效果很好。

（6）自毁老巢法：人工找蜂巢，费时费力。可活捉胡峰，淋上蜂蜜，撒上白蚁药，让其自己飞回去，不久，老巢就会全军覆没。

六、蚂蚁危害的防治

1. 危害性

蚂蚁整年都能危害蜂群，特别是到了缺蜜季节和奖励饲喂蜂群时，蚂蚁经常会爬到蜂箱上偷食糖水。蚁群数量多时，不仅会将蜂群饲料搬完，而且会将蜂脾上的"储备粮"搬走。如果出现这种情况，会严重地影响蜂群的正常生活秩序，造成很大的损失。发现有蚂蚁爬上蜂箱，采取人工抹杀的方式费时费工，而且无法根治。

2. 防治方法

（1）清扫干净蜂箱四周的杂草，并把蜂箱垫高 10cm。

（2）把蜂箱四条腿放入能盛水的容器中，再在容器中注入水，也可隔断蚂蚁爬行路径。

（3）用白蚁净杀灭。寻找到蚂蚁窝洞口，把白蚁净投放进蚁窝内，全巢杀灭。

（4）用烟叶和水按 1∶1 的比例浸泡 15～30d，将浸泡好的烟叶水浇于蜂箱四周。若在其中加入苦灵果浸泡，则防效更佳。

（5）每只蜂箱选用 10～15cm 长的铁钉 3～4 枚（钉子直径不必过大，长度够就可以了），钉在蜂箱四角，钉入 4～5cm，尽量让钉子的高度在同一水平线上，也可用 3 枚钉子呈正三角形状钉入蜂箱底部。然后对应钉子部位垫入砖头，一枚钉子对应一块砖头，砖头上放高度低于 10cm 的塑料瓶或玻璃瓶，口径小于5cm 最好，这样可防止蜜蜂误入淹死，将瓶内注入机油或废机油，也可注入 1/2 的水和 1/2 的机油。这样做的好处是，机油浮在上面水分不易挥发，如换成清水，一是水分容易蒸发，二是蜜蜂在采食水时易跌入瓶内被淹死。再将已钉入钉子的蜂箱插入瓶中（注意：钉长部分要露出瓶口最少 1cm），然后调整好蜂箱的位置即可。同时要锄掉蜂箱周围的杂草，不要让杂草接触蜂箱，以免蚂蚁沿着杂草爬入蜂箱。

七、蟾蜍危害的防治

蟾蜍，俗称"癞蛤蟆"，是蜜蜂夏、秋季主要敌害之一。随着本地生态环境的改善及高毒、高残留农药的禁用，近年来田间地头的蟾蜍数量增加较快。蟾蜍皮肤粗糙，背面长满大大小小的疙瘩，这是皮脂腺，其中最大一对位于头部鼓膜上方的耳后腺，这些腺体分泌白色毒液。早春蟾蜍开始在静水沟或稻田产卵，成年变态后转入陆地生活。

1. 危害性

在夏秋炎热季节，晚上或雨后常能看到蟾蜍聚集在蜜蜂巢门前捕食进出蜂巢的蜜蜂。据观测，每只蟾蜍每次至少捕食 7～8 只蜜蜂，2h 可捕 40 只蜜蜂。如不及时防范，轻者蜜蜂群势减弱，重者蜂群被毁。但是蟾蜍除捕食蜜蜂外还捕食大量田间害虫，因此需加以保护，只能驱逐，避免捕杀。

2. 防治方法

保护与驱逐蟾蜍的办法：一是蜂场周围要保持整洁，草木垃圾要扫除干净，不让蟾蜍有藏身之地；二是把蜂箱垫高 25cm，蟾蜍无法跳到巢门前捕食蜜蜂；三是蟾蜍出没频繁的蜂场，最好在场地四周挖条 20cm 宽、50cm 深的沟，白天用草帘盖住，傍晚掀开，第二天早上将落入沟内的蟾蜍运到距蜂场较远的田间。

第八章 蜂场的卫生消毒及行为识别

第一节 蜂场卫生消毒

一、消毒剂

对中华蜜蜂的病虫害要贯彻"预防为主、综合防治"的方针。环境净化很重要，消毒剂应使用对人和蜂安全、没有残留毒性和对设备没有破坏性，并不会在蜂产品中产生有毒积累的消毒剂。

二、蜂场环境的卫生消毒

（1）每周要清理一次蜂场死蜂和杂草，清理的死蜂应及时深埋。

（2）蜂场每季应用5％的漂白粉乳剂喷洒消毒一次。

三、蜂机具的卫生消毒

（1）使用前可用0.2％的过氧乙酸或0.1％的苯扎氯铵洗刷消毒。

（2）起刮刀、割蜜刀经常用酒精喷灯火焰灼烧消毒或75％的酒精擦洗消毒。

（3）蜂帚、工作服经常用4％的碳酸钠水溶液清洗和日光暴晒。

（4）巢脾的消毒与保管。①巢脾的消毒可选用 0.1％的次氯酸钠、0.2％的过氧乙酸或 0.1％的苯扎氯铵中的一种，浸泡 12h以上对巢脾进行消毒，消毒后的巢脾要用清水漂洗晾干。②巢脾保管储存前用 96％～98％的冰乙酸，按每箱体 20～30mL 密闭熏蒸，以防止大、小蜡螟对巢脾的危害。保存巢脾的仓库应清洁卫生、阴凉、干燥、以避免巢脾霉变。

第二节　蜜蜂的行为语言

蜜蜂是社会性昆虫，信息的传递主要靠行为语言，对生产上的语言做简单归类如下：

（1）分蜂信号在分蜂季节，如果有几只工蜂围绕着人的头面嗡嗡地飞翔，声音柔和而友善，这时就应该注意察看蜜蜂飞走的方向，顺着飞走的方向慢慢跟踪，同时察看树杈上、田埂下、土坎内。若有几只蜂作弧线飞行，表明有分蜂群。

（2）求救信号。在秋季，外界蜜源断绝，天气干燥酷热，野外的大胡蜂侵害中华蜜蜂，这时若有大胡蜂侵害蜂巢，有的工蜂会在养蜂人面前狂舞，声音急促，甚至落在养蜂人脖子上、耳朵上咬得人又痛又痒，有时用蜂扫都赶不散。这时，你要立即停下手上的活计，赶快带上捕杀大胡蜂的工具巡查蜂场。

（3）盗蜂信号。初冬，检查蜂群，补喂饲料后，若有个别蜜蜂不紧不慢总是跟着人飞，则很有可能蜂场内有的蜂箱盖没盖好或饲料洒到了箱外招来盗蜂。

（4）逃逸信号。在秋冬收捕逃蜂时，不要急躁，动作要轻，若收捕将完时，还有几只蜂作快速圆周飞行，并发出昂昂的尖叫声，表明蜂群准备再次飞逃。

知识链接

一、成熟蜜简介

　　成熟蜜是既未加入任何人为物质，也未从中提走任何物质，经蜜蜂充分酿造的健康的天然产品。未加入任何人为物质，即不添加或混入任何淀粉类、糖类、代糖类物质，不添加或混入任何防腐剂、澄清剂、增稠剂等非营养物质；未从中提走任何物质，即不是未成熟蜜经加工，人为将其含水量降至20％以下的"浓缩蜜"；充分酿造，即花蜜采回后经蜜蜂反复酿造7d的时间成为封盖蜂蜜。这种蜂蜜在分离时，要求蜜脾完全封盖蜂蜜，从科学的角度讲，在蜂箱里蜜蜂自己酿造成熟的蜂蜜营养价值最高，保质期最长，只需经过过滤，滤除蜡渣和幼虫等杂物后便可直接食用，不需任何加工。

　　酿造过程。蜜蜂先将蜜源植物的花蜜吸入蜜胃（又称蜜囊）里，同时不断地将自身分泌的消化液加入其中，使花蜜刚一进入蜜蜂体内就连续不断地进行着一系列物理和化学的变化：通过消化道的黏膜吸收花蜜中的部分水分，使花蜜中的含水量逐渐减少；各腺体分泌液和花蜜、花粉中含有的消化酶（如转化酶和淀粉酶等）使花蜜中的多糖逐渐分解转化为单糖。蜜蜂重复地进行着吸入、吐出的动作，在每一次吸入和吐出之中，花蜜等采集物就经历了又一轮高层次的物理和化学变化。与此同时，蜂巢中有很多的蜜蜂进行着煽风的劳动，随着不断流动的气流，放置在蜂巢内不同部位的未成熟蜂蜜中多余的水分被不断地带走，经过蜜蜂辛勤劳作后，原花蜜中含有的水分从50％

以上逐渐减少到 20% 以下，葡萄糖和果糖等单糖类物质的含量由最初的 20% 左右增高到约 75% 时，香甜芬芳的蜂蜜即酿制成功。不同蜜源植物所酿制的蜂蜜具有各自特有的芳香气和滋味。

成熟蜜成熟度。温度在 20℃ 时以波美比重计测量其浓度，蜜蜂采集回的花蜜含水量在 40% 以上（35 波美度），经蜜蜂酿造 2d 后含水量为 25%（39 波美度），酿造 3d 后含水量 20% 以下（41 波美度），5~6d 后形成巢蜜，含水量 18% 以下（43 波美度）。

成熟蜜的判断。通常，我们主要是通过蜂蜜含水量这个指标来判断。按照国际蜂蜜贸易的惯例，一般蜂蜜的含水量应该在 18% 以下，椴树蜜的含水量应该在 20% 以下，可是我们又知道，封盖蜜的含水量也不是一成不变的，它要受到蜜蜂群势、蜜源植物和气候状况等诸多因素的影响。椴树蜜的成熟蜜含水量在 20% 以下似乎可以保证，而一般蜂蜜的成熟蜜含水量在 18% 以下则不尽然了。由于我国成熟蜜生产还处在初始的试探阶段，所以各地对成熟蜜的要求也不一样。

二、中华蜜蜂过箱框养技术

中华蜜蜂过箱框养，是我国推行多年，大力提倡的成熟技术，且山区、林区尚蕴藏有很多野生的中华蜜蜂，可以收捕过箱。各地实践证明，中华蜜蜂框养，产量可跃增数倍，质量可符合要求。提倡中华蜜蜂过箱框养，是开发中华蜜蜂资源，大幅度提高蜂产品质量及产量的一项有效技术措施，而中华蜜蜂过箱技术是中华蜜蜂活框饲养的关键。

　　过箱是把养在不能开箱检查的蜂箱、蜂桶或蜂笼中的蜜蜂，用人工的方法，转移到活框式的蜂箱中，这种方法就叫过箱。中华蜜蜂蜂箱各式各样，但其过箱方法，不外乎翻巢过箱、不翻巢过箱和借脾过箱3种。过箱应有2～3个人协作，1～2人脱蜂、割脾、绑脾，1人收容蜂团入笼、协助绑脾，以及清理残蜜等。这样，才能快速利落地进行。中华蜜蜂过箱的方法步骤如下：

1. 翻巢过箱

　　所谓翻巢过箱，就是先将原蜂巢翻转180°，使巢脾的下端朝上，利用蜜蜂的向上习性，驱使蜜蜂迅速离脾，进入收蜂笼，然后把原巢箱移到室内，自下沿基部割取巢脾，进行过箱。这样既可避免贮蜜多的巢脾断裂，又便于操作。凡是巢箱可以翻转、底板或侧板可打开或拆除的，都应采用此法。其具体步骤如下：

　　（1）翻转巢箱。先向巢口喷入淡烟，然后掌握巢脾纵向与地平面保持垂直，顺势将巢箱缓慢翻转过来，仍安置在原位上。

　　（2）驱蜂入笼。先将收蜂笼紧接在蜂团的上方，然后轻敲箱身下部或者喷以淡烟，驱赶蜜蜂离脾，引导它们向上集结于收蜂笼中。待蜜蜂全部入笼团集以后，即可将老巢搬入室内处理，而将收蜂笼稍加垫高，安置在原位的旁边，以让外出蜜蜂归来后投入笼内集结，静候过箱。驱蜂入笼时，切莫心急，以免驱散蜂团。

　　（3）割取巢脾。割取巢脾时，老巢应保持翻转过来的位置（若不便割脾，应立即设法拆开蜂箱），迅速用利刀紧贴巢脾基部逐一切下。每切下1个脾，应随时用手掌承托取出，避免折裂。凡平整可以利用的子脾，均应安放在平板上，不可重叠积压，以免压伤子脾，并应避免沾染蜂蜜，以免闷死虫蛹。凡无虫蛹的、不整齐的、黑旧的或子脾面积小的巢脾，应将其中贮蜜部分切下集中，留待榨蜜；其余的另装别桶，留待化蜡。

（4）绑脾上框。子脾是蜂群的后继有生力量，割下后，应抓紧绑到巢框上。还有一些贮粉多、整齐、大片的粉蜜脾，也应绑上巢框，归还蜂群，留作饲料。绑脾的方法，通常有插绑、吊绑、钩绑、夹绑等几种，应视巢脾的新旧、大小、类型不同，灵活应用。

①插绑。将子脾上方的贮蜜齐线切下，并修削平整后，套上巢框，使巢脾的上边切口紧贴上框梁，再顺着巢框穿线，用小刀划脾，刀口的深度以刚好接近房基为准。接着用埋线棒把穿线嵌入巢房底。然后用"∧"形薄铁片，嵌入巢脾中的适当位置，再穿入铅丝，绑牢即可。几经多次育虫的黄褐色巢脾，因其茧衣厚、质地牢固，均适于插绑。

②钩绑。巢脾经插绑、吊绑之后，如果下方偏歪，即可用钩绑进行纠正。具体做法是，先用一条细铅丝，在它的一端挂 1 小块硬纸板，另一端从巢脾的歪出部位穿过，再从反面轻轻拉正，然后用图钉将铅丝固定在框梁上即可。

③吊绑。将巢脾裁切平整并埋下线后，用硬纸板承托在巢脾下沿，再用图钉、铅丝，绑牢即可。凡是新、软的巢脾，均应采用吊绑。

④夹绑。把巢脾裁切平整后，使其上下紧顶巢框的上下梁，经埋线后，用竹条夹紧绑牢即可。凡是大片、整齐、牢固的粉蜜脾或子脾，均可采用夹绑。绑脾工作是过

箱成败的关键，一定要认真细致地进行。子脾上的贮蜜一定要割掉。否则，因巢脾过，既不便于绑脾，又容易下坠，而造成失败。巢脾一定要绑得既平整又牢固。如果巢脾不整齐，就会阻塞蜂路；若绑得不牢固，就容易发生坠脾，造成迁飞。绑好的子脾，应随手放入蜂箱内。最大的子脾排在中央，较小的依次放在两边，其间保持一定蜂路。如果群势强大，子脾又太少，则应酌情加巢础框，并外加隔板，隔板外空处暂用稻草塞满，最后覆上副盖、箱盖，准备接纳蜂团。

（5）催蜂上脾。将准备好的蜂箱放在原巢的位置上，箱身垫高半尺，巢门保持原来的方位。蜂箱安置就绪以后，移去巢门板，在巢门前斜靠1块活动箱底或副盖。然后将蜂笼提起，约离斜板150mm高，对准斜板的正中，猛震几下，使蜂团全部脱落在斜板上。蜜蜂便顺着斜板涌进巢门，自动上脾。如有小团蜜蜂集结在巢口及其附近，宜用蜂刷或鹅羽催赶入箱。

2. 不翻巢过箱

巢箱不能翻转的，只宜采用此法。先揭开老巢箱的侧板，观察巢脾着生的位置和方向选择巢脾横向靠外的一侧，作为下手的起点，接着喷淡烟或用木棒轻敲巢箱上板或侧板，驱赶蜜蜂窝脾，趋集到另一端，然后逐脾喷烟驱蜂，依次割取，直至巢脾全部割尽，蜜蜂团集在另一端为止。其余步骤，照翻巢过箱方法进行。这时，若老巢箱可以随手提起，就可将蜂团直接抖落在新巢箱前的斜板上，若不便直接抖落，则可先将蜂团收入蜂笼内，再行抖落。

3. 过箱条件

应在外界有蜜粉源并且气温稳定在15℃以上时进行，

不宜在阴雨天及大风天进行。蜂群应选择强群且过箱蜂数达三四框以上为宜。此外，还应备好过箱用具。注意事项：一是在过箱开始前将原巢清理干净，以免操作时污染蜂巢；二是要细心操作，不要搞散蜂团；三是场内若有活框饲养的蜂群，最好采用借脾过箱的方法；四是及时清理洒落在箱外、地上的蜂蜜或碎脾，防止盗蜂。

过箱开始前，应先将原巢上、下外围及工作环境清理干净，以免操作时污染巢脾。在过箱的时候，由于蜂王正处于产卵期，腹部伸长，起飞不便，而且蜂王和工蜂之间是相依为命的，只要蜂团不散，蜂王一般是不至于起飞的，因此只要细心操作，不搞散蜂团，完全可以不必囚王或把蜂王剪翅。即使蜂王万一受惊起飞，也无须惊慌。只要蜂团没散，蜂王便会自行归队。若因弄散蜂团，造成蜂王起飞的，蜂王会与工蜂结团在附近枝头，屋檐或地上（特别是蜜蜂结团较大的，就很可能有王），所以，也不难寻找。找到蜂王之后，应连同蜂团一起收捕入笼。在操作的过程中，若不小心把一部分蜜蜂抖落到地上，则应在蜜蜂分别团集的地方，寻找蜂王。找到蜂王后，即捏住它的翅，提入巢内，并将蜜蜂收进巢内，或驱散让它们自动进巢。夜晚在室内过箱，蜜蜂对外界环境的反应是茫然失措的。为避免蜜蜂到处乱爬，应先按前述方法将绑好的子脾，布置在1个继箱中，再取1个空巢箱，关上巢门并打开纱窗，然后把蜂团直接抖入巢箱内，随即套上有子脾的继箱，利用蜜蜂的向上性，使蜂团顺势上升到继箱的子脾上。必要时，再催蜂护脾。如果场内已有活框饲养的中华蜜蜂，最好是采用借脾过箱的方法，把新绑的巢脾分别换给各活框蜂群去修整。在过箱时和过箱后，最怕引起盗蜂，因此对洒落在箱外、地上的点滴残蜜或碎脾，都应及时用水冲或土埋，收拾干净。

4. 过箱后的管理

首先要缩小蜂箱巢门，观察工蜂活动情况，若在第二天工蜂能积极进行采集和清巢，并携带花粉团回巢，表示蜂群已恢复正常；其次，在三四天后对蜂巢进行整顿，粘牢的可以除去绑线，若发现失王，要选留 1～2 个好王台或诱入一只蜂王；最后，经过一段时间的饲养，若蜂群强壮，且又正当流蜜时期，应及时加础造脾，以更新蜂巢，促进蜂群繁殖。

强群在保温、采集、造脾、哺育等各方面，都显示出优越性。因此，过箱要求具有一定的群势，一般应达三四框以上为宜。蜂群过完箱以后，应缩小巢门，避免盗蜂侵袭。往后要根据天气的变化，及时调节巢门。如果野外蜜源不多，每日傍晚都应进行饲喂，使蜂群有充足的贮蜜，促进工蜂造脾和刺激蜂王产卵。

过箱后的第二天上午，如果发现蜜蜂采集正常或工蜂积极地进行清巢工作，就说明蜂群安居下来了。否则，就是有问题，应及时检查处理。通常在第二天的午后开箱进行快速检查。检查时，应注意观察工蜂是否集结护脾，有否泌蜡粘固巢脾上方和框梁的连接处，以及在巢脾下方是否添造了新巢房。从这些情况可以判断蜂群过箱后的反应。如果发现蜂群工作消极，则应迅速查明原因，并采取相应措施，及时纠正，避免逃群。在过箱 3～4 天后，应对蜂巢作第一次整顿。凡巢脾已粘牢的，除去绑缚物；没有粘牢或下坠的、巢脾不平整，可以用烫热的快刀，把厚的部分齐框削平，使蜂路畅通。过箱后如果原地适宜继续饲养的，就把蜂群放在原地，如果不适宜饲养的，可于天黑蜜蜂全部回巢后，把蜂群搬到有蜜粉源的地方去。由于过箱时对蜂巢进行了破坏，贮蜜也基本去掉，因此，过箱后的当天晚上，要对蜂群进行补充饲喂，连续喂2～3个晚上，以保持蜂群的安定和加快蜂群对巢脾的修补。几天后，如果蜜蜂已把巢脾修补完毕，就可把绑脾的绳子去掉。在外界蜜粉源条件较好时，应抓紧加脾，逐渐把一些没有利用价值的旧巢脾换掉。

过了箱的蜂群如果失王，巢内必然会出现许多改造王台，要选留1个最好的，其余的予以毁弃，也可以采取诱入蜂王或与其他有王群合并的措施。经过一段时间的饲养，如果蜂群强壮，又正当流蜜时期，应及时加础造脾，以更新蜂巢，促进蜂群繁殖。

在山区，有很多农户有饲养蜜蜂的习惯，但有相当部分是用旧法养蜂，把蜜蜂养在树筒、竹笼或没有巢框的木箱中，不能对蜂群进行科学的管理，让蜜蜂自生自灭，产量低，效益差。过箱是把养在不能开箱检查的蜂箱或蜂桶、蜂笼中的蜜蜂，用人工的方法，转移到活框式的蜂箱中，养蜂者能随时开箱，抽出巢脾进行检查，并对蜂群出现的不同情况，采取必要的处理措施。此外，蜜蜂生活在没有巢框的旧式蜂箱中，巢脾不能移动，在收蜜时，只能毁脾取蜜，巢脾不能重复使用，这样每收一次蜜，蜜蜂就要重造一次巢。因此，每个花期，只能收一次蜜，产量低。加上毁脾灭子，严重阻碍了蜂群的发展。过箱后，由于使用活框式的巢框，巢脾可随意取出，收蜜时可重复使用，一个花期就可多次收蜜，产量高。且收蜜时，不损害巢脾上的蜂子，因此不影响蜂群的繁殖。

图书在版编目（CIP）数据

中华蜜蜂饲养管理实用技术/岳万福，华威主编．
—北京：中国农业出版社，2017.5（2018.9 重印）
　ISBN 978-7-109-22798-9

　Ⅰ.①中… Ⅱ.①岳…②华… Ⅲ.①中华蜜蜂－蜜
蜂饲养 Ⅳ.①S894.1

　中国版本图书馆 CIP 数据核字（2017）第 053031 号

中国农业出版社出版
（北京市朝阳区麦子店街 18 号楼）
（邮政编码 100125）
责任编辑　张丽四

中国农业出版社印刷厂印刷　　新华书店北京发行所发行
2017 年 5 月第 1 版　　2018 年 9 月北京第 3 次印刷

开本：850mm×1168mm 1/32　印张：5.25
字数：130 千字
定价：25.00 元
（凡本版图书出现印刷、装订错误，请向出版社发行部调换）